JN000470

超絵解本

光と色の科学

近な謎、光の正体をときあかす！

ダイヤモンドが輝くのはなぜ？

虹が7色に見えるしくみは？

はじめに

私たちにとって「光」は当たり前の存在かもしれません。

ふだん，とくに光について意識することもないでしょう。

しかし，私たちが物を見ることができるのも，

さまざまな色のちがいを感じることができるのも，

私たちの目が光を受け取っているからなのです。

しかし，目に見える光だけが光のすべてではありません。

X線や電波など，身のまわりにはたくさんの光（電磁波）で

あふれています。

光の性質を利用して，物を温めたり，情報を運んだりする

こともできます。

この本では，光のしくみについてわかりやすく解説してあります。

神秘的な光の世界をぜひお楽しみください。

4 光の正体にせまる

5 光（電磁波）の性質を利用する

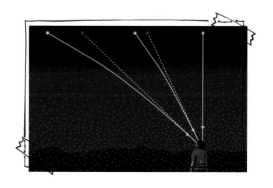

プロローグ

私たちのまわりには
光の現象があふれている

7色の虹や時間とともに変化する空の色や海の色など……
それらは光の特性によって生まれている

私たちはふだん，周囲が暗くなったりすることでしか，光を意識しないかもしれません。光はあまりに当然のように存在するものなので，光の特性や光が私たちの生活や視覚にあたえている影響を意識することは少ないでしょう。

しかし，私たちのまわりには光がかかわる現象があふれています。虹や夕焼けの空，青い海。そこには光の散乱や反射，屈折といったさまざまな性質が隠れているのです。

光の性質を理解すれば，「なぜ水は透明に見えたり鏡のように物が映って見えたりするのか」「なぜカメラで風景を切り取ることができるのか」といったそもそもの疑問にも答えられるようになります。「なぜ電子レンジで食べ物が温まるのか」といった疑問もまた，光の性質で説明することができるのです。

光の不思議な性質について，次のページからじっくりとせまっていきましょう。

光の正体をそっと明らかにしている「虹」

1

光は曲がる
わかれる

光といわれてまっ先に思いつくのは太陽かもしれません。太陽の光は白いのに，太陽の光がつくりだす虹は，カラフルに見えます。そこには複雑な現象がひそんでいます。まずは光が曲がったりわかれたりする性質をみていきましょう。

太陽の光には,無数の色の光が含まれている

太陽の光は「プリズム」で分解できる

太陽

太陽の光を分解した実験

アイザック・ニュートンは,太陽の光をプリズムに通して分解し,光の帯をつくりました。

壁に開けられた穴

太陽光（白色光）

アイザック・ニュートン
（1642 〜 1727）

12

日中，太陽光は白く見えます。そのため太陽光は「白色光」ともよばれますが，実はさまざまな色の光の集合体なのです。このことは，ガラスでできた三角柱の「プリズム」とよばれる器具を使えば，よくわかります。プリズムに太陽光を通すと，さまざまな色からなる光の帯があらわれるのです。これは，「万有引力の法則」で有名なイギリスの科学者アイザック・ニュートン（1642～1727）が発見しました。

この光の帯は「太陽光のスペクトル」とよばれ，虹と同じもので赤，橙，黄，緑，青，藍，紫の7色が見えます。しかし，色の境界ははっきりせず，色の数にはあまり意味はありません※。太陽光には「無数の色の光が含まれている」と考えてよいでしょう。

※：ある国では「虹は6色」といったように，虹の色の数やあらわし方は国によってことなります。

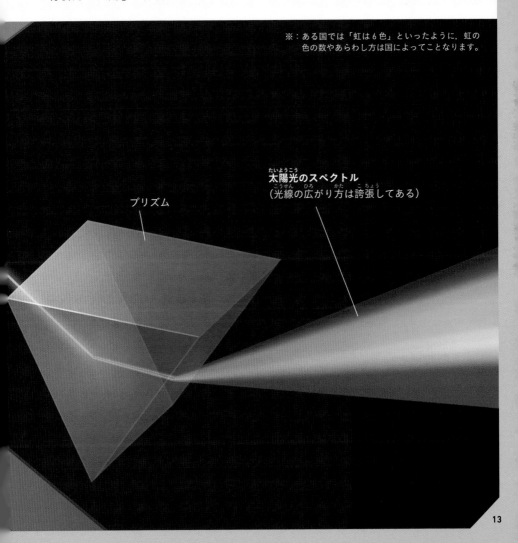

プリズム

太陽光のスペクトル
（光線の広がり方は誇張してある）

色のちがいは光の『波長』のちがい

光の正体である「波」がもつ,独自の波長が色を変える

光は,「波」の性質をもっています（くわしくは4章）。波の仲間には,水面の波,ロープを伝わる波,音波などがあります。

太陽光のスペクトルに含まれるさまざまな色のちがいは,実は光の「波長」のちがいです。波長とは,山（波の最も高い場所）と山の間の長さ,または谷（波の最も低い場所）と谷の間の長さのことです。

波長がことなると,私たちの目にはことなる色に見えます。色でいえば,赤,橙,黄,緑,青,藍,紫の順に,光の波長は短くなります。

波長が短い ←

波長

紫色の光は,波長が短い

海の波

太鼓の膜に生じる波

地震波

音波

音波

弦に生じる波

ロープを伝わる波

波長が長い →

太陽光のスペクトル
（可視光線）

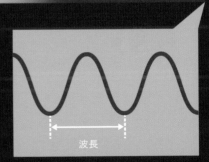

波長

赤色の光は,
波長が長い

目に見えるものだけが光ではない

可視光線より，波長が長い波も短い波もある

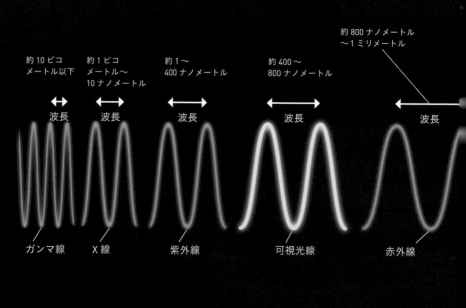

約 10 ピコ
メートル以下

約 1 ピコ
メートル〜
10 ナノメートル

約 1 〜
400 ナノメートル

約 400 〜
800 ナノメートル

約 800 ナノメートル
〜1 ミリメートル

波長　　波長　　波長　　波長　　波長

ガンマ線　　X 線　　紫外線　　可視光線　　赤外線

レントゲン写真のイメージ

紫外線をカットするサングラス

光は目に見える「可視光線」以外にも、多くの仲間があります。「紫外線」や「赤外線」などです。

可視光線よりも波長の短い波は「紫外線（紫の"外"）」、可視光線よりも波長の長い波は「赤外線（赤の"外"）」とよばれており、どちらも太陽光に含まれています（前ページの図）。夏の日焼けや冬の暖房器具などで、おなじみかもしれませんね。

紫外線よりさらに波長が短くなると、レントゲン写真に使われる「X線」、さらに短くなると放射性物質から出る「ガンマ線」になります。

一方、赤外線より長い波長になると、電子レンジ、テレビやスマートフォンなど、私たちの生活に欠かせない家電製品や通信機器に利用される「電波」となります。

これらの波と可視光線は同じ仲間です。以後これらをまとめて「光」とよぶことにしましょう。

約1ミリメートル～1メートル

約0.1ミリメートル以上

波長

波長

マイクロ波（電波の一種）
電子レンジで物を温めるのに使われる。

電波

電子レンジ

※1：1ナノメートルは100万分の1ミリメートル。
　　1ピコメートルは10億分の1ミリメートル。
※2：それぞれの波長の範囲は厳密には決まっておらず、おたがいにいくらか重なり合っています。また、イラストの波の波長は実際の比率でえがいていません。

水にさしこむ光は, なぜ曲がる?

空気中と水中では, 光の進む速度がちがう

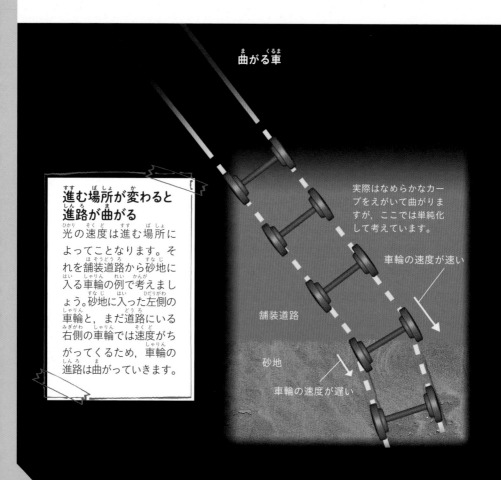

曲がる車

進む場所が変わると進路が曲がる

光の速度は進む場所によってことなります。それを舗装道路から砂地に入る車輪の例で考えましょう。砂地に入った左側の車輪と, まだ道路にいる右側の車輪では速度がちがってくるため, 車輪の進路は曲がっていきます。

実際はなめらかなカーブをえがいて曲がりますが, ここでは単純化して考えています。

車輪の速度が速い

舗装道路

砂地

車輪の速度が遅い

18

空気中を進んでいた光が，水面に対して斜めに入ると，光の進路は曲がってしまいます。これを光の「屈折」といいます。なぜ，光は屈折するのでしょうか。

　原因は光の速度の変化です。水中では，水の分子が光の進行を“邪魔”します。このため，空気中にくらべて光は遅く進むようになるのです。

　棒でつながった二つの車輪が，舗装道路から砂地に斜めに入るところを想像してみてください（左のイラスト）。まず，向かって左の車輪が砂地に入ると左側の速度が落ちます。しかし，右の車輪はまだ砂地に入っていないので速度は落ちません。左右で速度に差が出るので，車輪の進路が曲がります。

　光を幅のある帯とみなすと，この車輪と同じように考えることができます。水中に先に入る側で光の速度が落ちても，あとから入る側ではまだ速度が変わっていないため，光の進路が曲がるのです。

屈折する光（帯）

光は水中で屈折する

光を幅のある帯として考えてみましょう。状態のことなる場所に入りこんでいくときに帯の左右で速度のちがいが生じて光の進路が曲がります。これを屈折といいます。

実際は水面で一部が反射しますが，イラストでは反射光ははぶきました。

速い

空気中

遅い

屈折　水中

点線はある時刻での波の先端

光が水から空気中に出るときにも同じように屈折がおきます。

19

ダイヤモンドの中の光は40%に減速する

物質の中に入った光はその物質の屈折率によって速度を変える

光の屈折の大きさは物質によってことなり,「屈折率」であらわされます。屈折率は,真空中とくらべたときの「光の遅くなる程度」を示す指標であり,屈折率が大きいほど,その物質中での光の速さは遅くなります。たとえば,ダイヤモンドは屈折率が非常に大きく,ダイヤモンドの中の光速は秒速約12万キロメートルと,実に真空中の40%程度にまで減速してしまいます。

屈折がどのようにして視覚をまどわすのかを,右ページのイラストで解説します。

コップの底にコインを貼りつけ,コップの縁が邪魔してコインがぎりぎり見えない角度からのぞきながら,水を注いでみましょう。コインがコップの底とともに "浮き上がり",姿をあらわします。コインからの光が屈折して目に到達したためです。私たちの視覚は「光は直進してきたはず」として認識するので,右ページの下の絵の「コインの虚像」の方向に,コインがあるように見えるのです。

水の入ったコップのストローが,水面の上と下で曲がって見えるのも同じ理由によるものです。

物質名	光速（万km/秒）	屈折率
真空	30.0	1.00
水	22.5	1.33
水晶	19.4	1.54
サファイア	17.0	1.77
ダイヤモンド	12.4	2.42

物質中で光が減速するとはいっても,猛烈な速さには変わりがなく,感覚的にはこれらの減速には気づきません。

屈折は視覚をまどわす

水がたまる

コインは, ほとんど見えない

コップの底が"浮き上がり", コインが見えるようになる

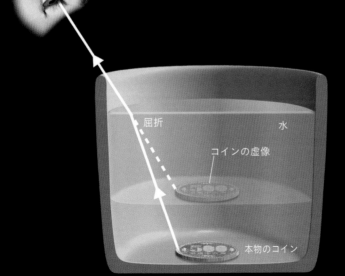

観測者

屈折　　　　　　　水

コインの虚像

本物のコイン

ルーペで物が大きく見えるのはなぜ？

私たちはレンズを通した光でも，
「光はまっすぐ進むはず」と錯覚してしまう

レンズで光が曲がって届く

凸レンズの屈折（左），凹レンズの屈折（右），虫眼鏡で物が大きく見えるわけ（下）をそれぞれえがきました。

凸レンズは，光が集まるようにつくられている

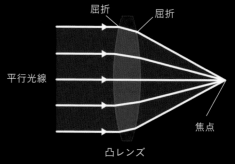

屈折　　屈折

平行光線

焦点

凸レンズ

物体の拡大像

A'

凸レンズの虫眼鏡で物が大きく見えるわけ

注：光は実際には，凸レンズに入射したときと，レンズから出るときの2回屈折します。ここでは説明を簡単にするため，レンズの中央で1回だけ光が屈折するように図示しました（一種の近似です）。

凸レンズは，平行に入射する光線を焦点に集め，凹レンズは，平行に入射する光線を広げます。

虫眼鏡（凸レンズ）の近くに物体を置き，反対からのぞくと拡大して見えますが，なぜでしょうか？ 太陽や照明の光は，物体に当たって反射します。物体の上端Aで反射した光は広がっていき，レンズで曲げられてから目に届きます。

これらの光線をまっすぐ延長してやると，一点（A'）でまじわります。もしA'に物体の上端がほんとうに存在し，レンズも存在しなかったら，光は図の点線に沿ってまっすぐに進み，目に入るでしょう。私たちの視覚は，「光はまっすぐ進んできたはず」と認識するため，A'に物体の上端がほんとうにあるように見えるのです。物体の各点で同じことがいえるので，凸レンズを通して見ると，物体が拡大して見えるのです。

凹レンズは，光が広がるようにつくられている

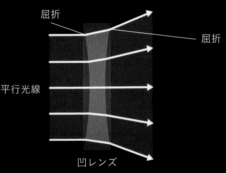

屈折

屈折

平行光線

凹レンズ

A点で反射した光は，広がっていく
無数の光線のうち，3本の光線だけを図示しています。

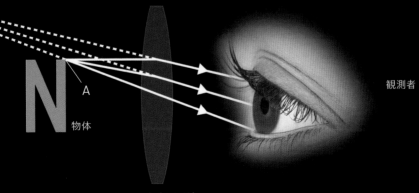

観測者

A

物体

凸レンズ（虫眼鏡）

23

眼鏡をかけると，よく見えるのはなぜ？

焦点が網膜上にくるようにレンズで調整している

近視も遠視もレンズで調節

左ページには正常な目の焦点を，右ページには近視，遠視の人の目の焦点と，それを調節する眼鏡のしくみをえがきました。それぞれの眼鏡のレンズで光の屈折を調節し，網膜上で焦点が結ばれるようにします。

人間の目の断面

水晶体

平行光線

焦点

網膜

角膜

正常な目

水晶体は，遠くを見るときは薄くなり，近くを見るときは厚くなることで，ピント調節を行っています。光（平行光線）は網膜上で焦点を結びます。

眼鏡もレンズの身近な応用例です。近視の人は，遠くを見るとき，網膜の手前で焦点を結んでしまっています（1）。角膜（目の表面で光を屈折させるフィルター）や水晶体（厚さを変えてピントの調節を行えるレンズ）が光を屈折させすぎている，または角膜から網膜までの距離が長すぎるといった原因が考えられます。**そこで近視用の眼鏡は凹**

レンズを使います（2）。凹レンズでいったん光を広げてやれば，網膜に焦点を結ぶようになるのです。

一方，遠視の人は，網膜より後ろに焦点がきてしまっています（3）。屈折のさせ方が足りていないのです。**そこで遠視用の眼鏡では，凸レンズが使われます（4）。凸レンズで少し**光をせばめて，足りない分の屈折をおぎなっているのです。

1. 近視の人は，網膜の手前で焦点を結ぶ
「屈折のさせすぎ」と考えることができます。

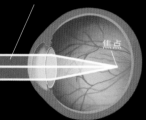

平行光線

焦点

近くの物を見るには水晶体を厚くして屈折を強める必要があります。

2. 近視用の眼鏡は凹レンズ

凹レンズ
（中央がへこんでいる）

焦点が網膜上にくる

平行光線

光をいったん広げる

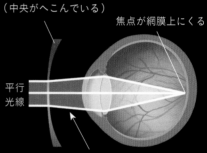

3. 遠視の人は，網膜の後ろで焦点を結ぶ
「屈折が足りない」と考えることができます。

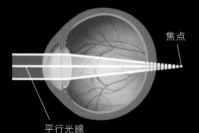

焦点

平行光線

注：当然，網膜より後ろには光は行きません。あくまで光線を延長して考えた場合の焦点を図示しました。

4. 遠視用の眼鏡は凸レンズ

焦点が網膜上にくる

平行光線

光をいったんせばめる

凸レンズ
（中央がふくらんでいる）

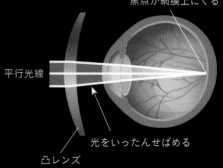

カメラで写真が とれるしくみ

レンズを大きくするなどして， 取り込む光の量を加減する

カメラは凸レンズで光を集める

点Xから出た光は広がっていく

X

Y

点Yから出た光は広がっていく

注：実際のカメラの構造は，複数のレンズを組み合わせて使うなど，もっと複雑です。
ここでは基本原理を説明するためにカメラの構造を簡略化してあります。

カメラの基本的なしくみを解説します。物体の点Xから出た光は、そこから広がっていきますが、凸レンズによってふたたび点X'に集められます。同じように点Yからの光はふたたび点Y'に集まります。**物体のあらゆる点で同じことがなりたつので、ここにCCD（電荷結合素子）イメージセンサーを置いてやれば、そこに物体の像ができます。**

さて、このレンズを小さくしていくことを考えましょう。レンズが光を受け取る面積が減少するので、点Xから出て点X'に集まる光の量も減っていきます。そのため、明るい写真をとるには光の量をおぎなう必要が出てきます。**このようにレンズの大きさは、集める光の量を決める重要な要素なのです。**

凸レンズを使って光を集める「屈折望遠鏡」でも同じことがいえます。直径の大きなレンズほど集光力が高く、暗い天体を観測することができるようになります。

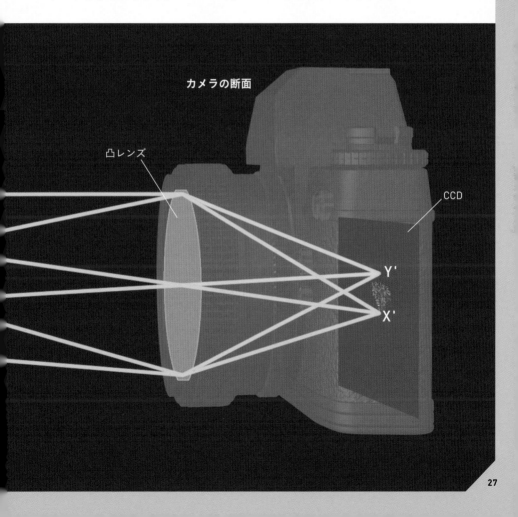

カメラの断面

凸レンズ

CCD

Y'

X'

色がちがう光はガラスの中での速さもちがう

光の屈折率のちがいは, 光の速度変化にも関係している

ガラスの中では, 光の色によって光速がわずかにことなる

矢印の長さの差は誇張してあります。

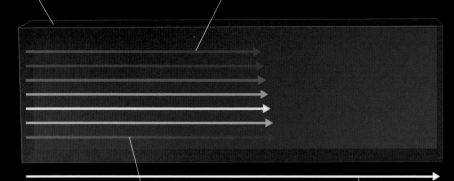

ガラス

紫色の光は減速の程度がやや大きい

赤色の光は減速の程度がやや小さい

真空中の光速

水やガラスなどの透明な物の中では，光の進む速度が真空中にくらべて遅くなります（18〜21ページ）。実はこの減速のしかたは，光の色（波長）によってわずかにことなります。太陽光のスペクトルの「赤，橙，黄，緑，青，藍，紫」でいえば，赤の光の減速が最も小さく，順に減速が大きくなり，紫で減速は最大になります（左ページ）。つまり，波長の短い光ほど，減速が大きいのです。

赤色の光の帯は左右の速度差が比較的小さいので，水やガラスに入射したときの曲がり方はやや小さくなります。一方で紫色の光の帯は，曲がり方がやや大きくなります。

プリズムは，色によって屈折の大きさがことなることを利用して，白色光を虹色の帯に分解します（右ページ，光の分散）。プリズムは2回の屈折で，光の色による屈折の大きさのちがいをきわだたせているのです。

プリズムは，光の色による曲がり方の差を利用している

白色光
（さまざまな色の光を含む）

注：屈折の大きさは誇張してあります。また，ここでは便宜上，光を7色にわけましたが，白色光には無数の色の光が含まれています。

プリズム

1回目の屈折
光の色によって屈折の大きさがことなる

2回目の屈折
光の色によって屈折の大きさがことなる

凸レンズで光を完全に 1点に集めるのはムリ

厳密な天体観測では, 反射望遠鏡が活用されている

平行光線

凸レンズ

凸レンズは光を完全には 1点に集められない（色収差）

光の色（波長）によって屈折の大きさがちがうため, 完全には1点に集まりません。

赤色の光はやや遠くで焦点を結ぶ

紫色の光はやや近くで焦点を結ぶ

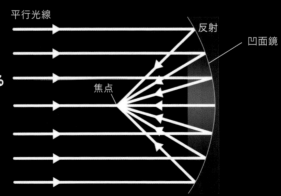

平行光線

反射

凹面鏡

焦点

大型望遠鏡は 凹面鏡で光を集める

屈折ではなく, 反射を利用しているので, 色収差はありません。

凸 レンズなら，光を小さな点に集めることができます。しかし，実は凸レンズを通った光は，完全に1点には集まりません。その大きな原因が，光の色による屈折率のちがいなのです。赤色の光はやや遠くで焦点を結び，紫色の光はやや近くで焦点を結ぶのです。これを「色収差」といいます。

「屈折望遠鏡」は，凸レンズで光を集めます。しかし，大型の凸レンズの製作は非常に困難であるため，天体観測では，凹面の反射鏡を使って光を集める「反射望遠鏡」が主流になっています。

屈折望遠鏡でも，複数のレンズをうまく組み合わせることで色収差をおさえることはできます。しかし，反射鏡を使えば，そもそも色収差は発生しません。これは，反射望遠鏡の利点の一つといえます。

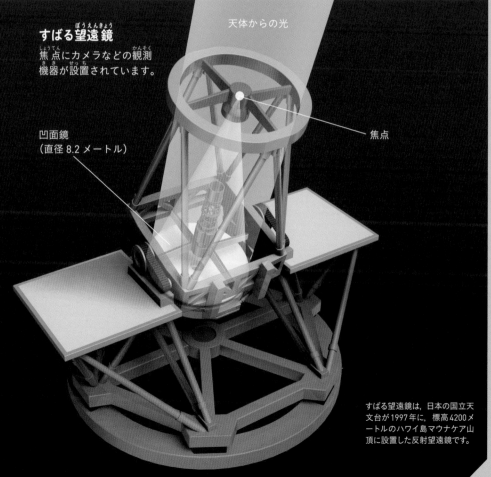

天体からの光

すばる望遠鏡
焦点にカメラなどの観測機器が設置されています。

凹面鏡
（直径 8.2 メートル）

焦点

すばる望遠鏡は，日本の国立天文台が1997年に，標高4200メートルのハワイ島マウナケア山頂に設置した反射望遠鏡です。

虹はなぜ7色に わかれて見える?

大気中の水滴が太陽光の色をわけている

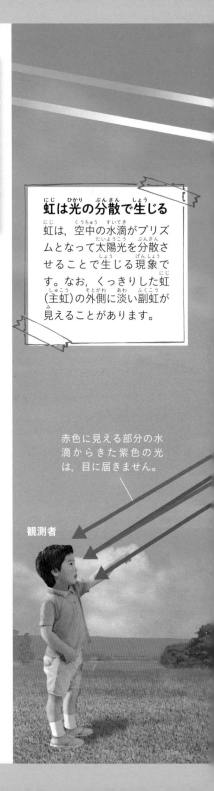

虹は光の分散で生じる

虹は,空中の水滴がプリズムとなって太陽光を分散させることで生じる現象です。なお,くっきりした虹(主虹)の外側に淡い副虹が見えることがあります。

プリズムと同じように,太陽光を無数の色の光に分解(分散)する自然現象が「虹」です。虹は空中の無数の水滴が,プリズムの役割を果たして生じる現象です。

水滴に入射した光は,一部は反射するものの,一部は水滴の内部に屈折しながら入っていきます。そして,光は水滴の内部で反射して,ふたたび屈折して外へ出ていきます。光の色によって屈折の大きさがことなるため,2回の屈折によって,白色光が虹色に分解されるのです。

赤色の光は,太陽光のさす方向から約42°の方向に,最も強く出てきます。一方,紫色の光は,約40°の方向に,最も強く出てきます。ある水滴から赤色の光が目に届いたとすると,同じ水滴からの紫色の光は少し上にずれて届くので,目には入りません。目に届く紫色の光は,もう少し下からの水滴になります。このように,それぞれの色の光が,ことなる高さの水滴から目に届くので,虹が見えるのです。

赤色に見える部分の水滴からきた紫色の光は,目に届きません。

観測者

32

太陽光
（主虹の赤色部分をつくる光線）

太陽光
（主虹の紫色部分をつくる光線）

副虹
（水滴の中で2回反射して出
てくる光によってできます）

虹の赤色部分
無数の水滴からの赤
色の光線によって，
赤色の帯に見えます。

虹の紫色部分
無数の水滴からの紫
色の光線によって，
紫色の帯に見えます。

主虹
小さな水滴の一つ一つは識別できないの
で，人間にとっては連続的な帯に見えます。

紫色に見える部
分の水滴からき
た赤色の光は，
目に届きません。

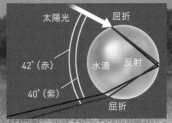

水滴が，太陽光を色ごとに分ける

太陽光　　　屈折

42°（赤）　　　水滴　　反射

40°（紫）

屈折

※説明に必要ない反射光や透過光ははぶいてあります。

33

逃げ水は, 空気で屈折した光

熱した地面付近で光が曲げられて目に届く

逃げ水

逃げ水は空気による屈折がつくる

空気分子

空や周囲の景色からきた光

光が遅い側（密度がやや大きい）

光が速い側（密度がやや小さい）

光が曲がる

逃げ水
水が見えるというよりも，空や周囲の景色がここに
映って見えるので，水があるように感じるのです。

夏の暑い日には，アスファルト舗装の道路の先に，水のようなものが見えたり，遠くの景色が映って見えたりします。これは「逃げ水」とよばれる現象です。

空気中では，窒素や酸素などの気体分子が光に影響をおよぼして，光の速度を遅くします。そのため，気体分子の密度が大きいほど，光は遅くなります。

暑い日の空気は，地面に熱せられて，地面に近いほど高温になります。また，高温になった空気は膨張して，地面に近いほど気体分子の密度が小さくなります。そのため，光を幅のある帯で考えると，光は地面に近い側のほうが速く進みます。そして光は，連続的に変化する気体分子の密度にしたがって，なめらかに曲がります。これが，逃げ水がおきる原因です。

空や周囲の景色からきた光は，地面付近で曲げられて，私たちの目に届きます。これが私たちには，地面に水などの，何か光を反射するものがあるように見えるのです。

冷たい空気（空気分子の密度が大きい）
→光の速度は遅い

熱い空気（空気分子の密度が小さい）
→光の速度は速い

観測者はこの方向から光がきたと認識する

熱くなったアスファルトの路面

観測者

夜空の星は見ている方向にはない

空気中でカーブする星からの光

星Aが実際に
存在する方向

宇宙

大気圏

一般に大気は上空にいくほど薄くなります。そして，上空ほど空気分子の密度が小さいので，光は速く進みます。その結果，夜空の星からの光は，わずかに曲がって私たちの目に届きます。**ということは，私たちが見る星は，実際にはその方向に存在していないのです。**

実際に星が存在する方向と，星が見える方向の角度の差は，「大気差」とよばれます。真上の夜空（天頂の方向）では大気差はなく，地平線に近づくにつれて，大気差は大きくなります。地平線から40°上を見上げると，大気差は約0.017°です。一方，地平線の方向では，約0.5°に達します。

光が曲がって目に届くのは，太陽や月でも同様です。地平線に沈む太陽を考えましょう。このとき，大気差は約0.5°です。0.5°といえば，太陽の見かけの大きさ（上端と下端の角度の差）とほぼ同じです。つまり，水平線に太陽の下端がさしかかったのを見るとき，実際の太陽は水平線の下に沈んでしまっているのです。

実際の太陽は水平線の下にある

私たちが見る太陽

実際の太陽

太陽の下端
からの光

星は，見えている方向には存在していない

注：イラストでは，光の曲がり方
を誇張してえがいています。

星Bが実際に
存在する方向　　星Bが見える方向

真上の星は，実際
の方向に見える

星Aが見える方向

光が速い側（密度がやや小さい）
光が遅い側（密度がやや大きい）

空気分子

空気分子は上空ほど密度が小さい
→上空ほど光が速い

地球の大気（厚さは
誇張しています）

水平線
の方向

大気による
屈折で光が
曲がる

37

Column

コーヒーブレーク

雷はなぜ
ジグザグに
進むのか

まるでひび割れたように，爆音を立てながら空を一瞬でかけぬける稲光。どうして稲光は，まっすぐではなくジグザグに進むのでしょうか。

稲光は，雷雲内の水分子どうしの摩擦で生まれたマイナスの電荷が放電され，プラスの電荷をもつ地面に向かっていく現

象です。空気は絶縁体のため，本来は電気を通しません。しかし，数億ボルトもの電圧がかかることで，空気中を電流が流れることができます。その際に稲光は，湿気の多いところや原子や分子の多いところなどの，比較的電気の通りやすい，より抵抗が少ない道を通ります。そのため，稲光はジグザグに進むのです。

　稲光の色は，稲光との距離などによって変わります。青系の色は散り散りになりやすいため，近くでしか確認できず，遠くにはなれるほど赤系の色になります。音だけでなく色も，稲光と自分がどれだけはなれているかの目安になるのです。

2

光ははねかえる 重なる

鏡をのぞき込むと，そこには自分の姿があります。しかし，映る角度を工夫すると水やガラスも鏡になります。また，昼の空はなぜ青いのか，夕焼けはなぜ赤いのか，それもすべて光がもつ特性によります。この章では，光のはねかえりや重なりについてみていきます。

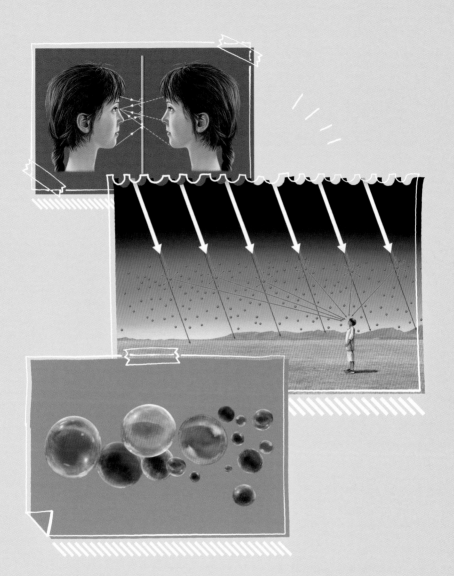

鏡に自分が映るのは なぜだろう?

だれもが鏡の前では,
自分の顔で反射された光を見ている

鏡は反射の法則を満たす
反射の法則とは,入射角と反射角とが等しくなることをいいます。

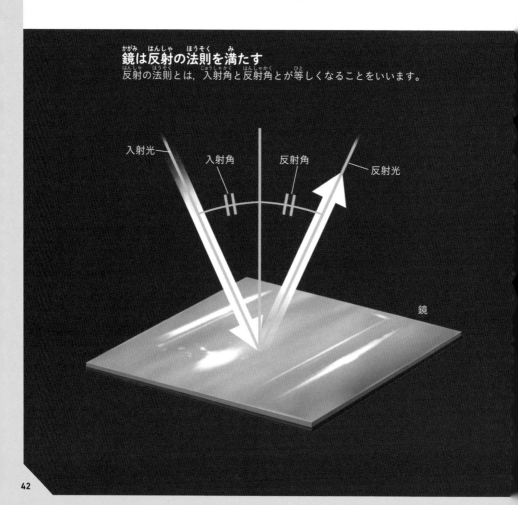

入射光　　入射角　　反射角　　反射光

鏡

鏡とは，ガラス板の裏面にアルミニウムや銀などの金属がメッキされたものです。この裏面の金属は，非常になめらかで凹凸がなく，光をきれいに反射するので，鏡には像が映るのです。

　鏡の前で，自分の顔を見るところを想像しましょう。照明などからの光が，顔のそれぞれの場所に当たって，さらに鏡に当たります。鏡に当たった光は，反射の法則（左ページ）にしたがって，当たったときと同じ角度で反射して目に入ってきます。

　私たちは「光はまっすぐ進んできたはずだ」と感じるので，目に入ってきた光は，反射してきた方向の延長線上からきたにちがいないと認識します。このため，鏡をはさんで対称な位置に自分の顔が見えるのです（右ページ）。

　また，鏡はどんな色の光も反射するので，青い色の物は青色に，赤い色の物は赤色に見えるなど，鏡には実物と同じ色が映ります。

目に届く光は「まっすぐ進んできたもの」と認識される

下のイラストで，額から出て目に届いた光は，目とA点を結ぶ延長線上からきたと認識されます。同じことが顔のあらゆる場所でおこり，鏡面と対称な位置に顔があるように見えます。

A点

自分の顔　　　鏡の像

※：イラストでは，鏡のガラス面での反射や屈折は無視しています。

43

物は光を四方八方に反射している

物体が光を乱反射しているからこそ,
私たちには物が見える

白い紙は,あらゆる色の光を四方八方にまき散らす(乱反射)

白色光(照明の光)

白色光(照明の光)

内部に入って四方八方に散乱される光もある

拡大すると凹凸がある

拡大

あらゆる色の光が乱反射される

リンゴが赤く見えるのは，太陽や照明からの光（白色光）がリンゴの表面に当たって，赤色の光だけが反射されて私たちの目に届くからです。白い紙はどうでしょうか。私たちが白いと感じる光には，無数の色の光が含まれています。**つまり，白い物は，どんな色の光でも反射するので，白く見えるのです。**

紙の表面は，なめらかに見えても，凹凸があります。その凹凸に光が当たると，光は四方八方に反射されます。このような反射を，「乱反射」といいます。鏡のように反射の法則（入射角＝反射角）を満たさないので，白い物の表面には，顔が映らないのです。

リンゴの赤に見える部分も，白色光のうち，赤色の光を乱反射させています。**一般に，目に見える物体は，ほとんどが光の一部を乱反射しています。**私たちが視覚にたよって生きていけるのも，物体が光を乱反射しているからなのです。

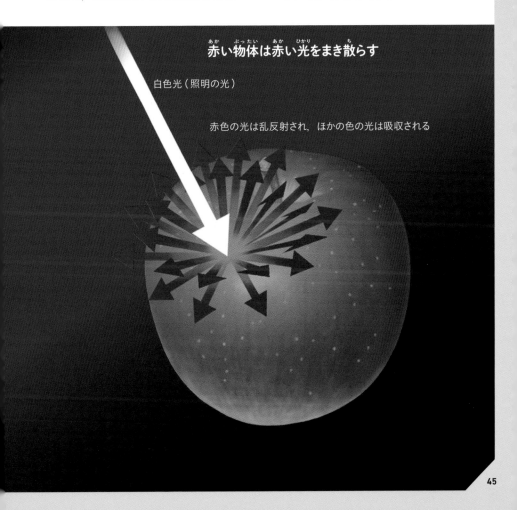

赤い物体は赤い光をまき散らす

白色光（照明の光）

赤色の光は乱反射され，ほかの色の光は吸収される

水もガラスも鏡になることができる

入射角を調整して全反射をおこさせる

水を鏡に変えてしまう方法を紹介しましょう。水の中に光源（防水性の懐中電灯など）を置くと，一部の光は屈折しながら水面を透過し，残りの光は反射されて水の中にもどります。透過光と反射光の割合は，光が入射する角度（入射角）によって変わります。

入射角が48°に達すると，透過光の進むはずの方向は，水面と一致します。入射した光はすべて（100％）反射することになります。水が鏡になるのです。これが「全反射」です。全反射がおきはじめる角度は，「臨界角」とよばれます。水の臨界角は，48°です。

臨界角は，物質によってことなります。ガラスの臨界角は，材質によってことなるものの，43°程度です。それよりも大きな角度で入射すると，全反射をおこします。プリズムは，全反射を利用して，鏡として双眼鏡などの光学器機の中で使われることもあります。

ガラスでできたプリズムに対して，面に垂直に光線が入射すると，底の面で全反射をおこします。すると，透過する光がないので，鏡として利用できるのです。

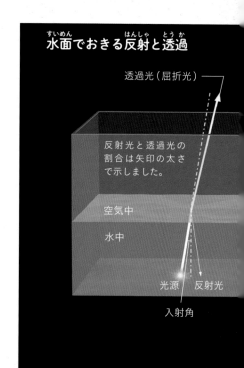

水面でおきる反射と透過

透過光（屈折光）

反射光と透過光の割合は矢印の太さで示しました。

空気中

水中

光源　反射光

入射角

ガラスも全反射を利用すれば"鏡"になる

ガラスの内部では，入射角が 43 ～ 90°のとき，全反射がおきます。

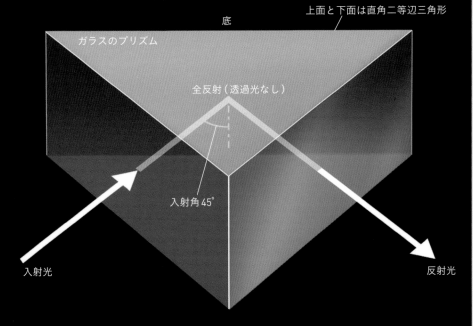

底

上面と下面は直角二等辺三角形

ガラスのプリズム

全反射（透過光なし）

入射角 45°

入射光

反射光

注：イラストでは，入射光も反射光も面に垂直に入射しているので，屈折はおきません。そのため，色ごとの屈折の大きさのちがいによっておきる「光の分散」もおきません。

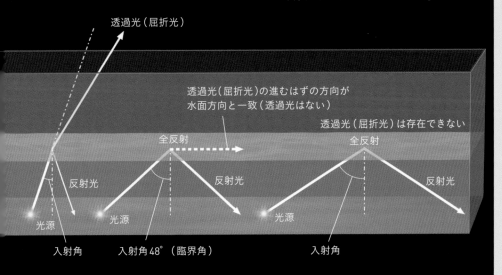

透過光（屈折光）

透過光（屈折光）の進むはずの方向が
水面方向と一致（透過光はない）

透過光（屈折光）は存在できない

全反射

全反射

反射光

反射光

反射光

光源

光源

光源

入射角

入射角 48°（臨界角）

入射角

水の内部では，入射角が 48 ～ 90°のとき，全反射がおきます。

コーヒーブレーク

全反射で美しく輝く
ダイヤモンド

宝石ファンばかりでなく，多くの人の心を引きつける宝石の王様，ダイヤモンドの輝きの秘密にせまってみましょう。

宝飾用のダイヤモンドには，「ブリリアント・カット」とよばれる独特な形に研磨されたものがあります。ブリリアント・カットのダイヤモンドの上面に入射した光は，ダイヤモンドを透過してしまうことがなく，内部に入ると底の面でほとんどすべて反射し，ふたたび外に出てきます。**底の面を透過して逃げる光が非常に少ないので，反射光でキラキラと明るく輝くわけです。**ブリリアント・カットは，多くの光を底の面で全反射させるようにくふうされたカットなのです。

また，ダイヤモンドは，プリズムと同じように白色光を光の色ごとにわける（分散させる）ので，さまざまな色にきらめいて見えるのです。

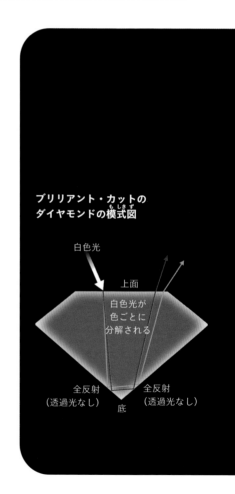

**ブリリアント・カットの
ダイヤモンドの模式図**

白色光

上面

白色光が
色ごとに
分解される

全反射
（透過光なし）

全反射
（透過光なし）

底

ダイヤモンドと全反射

入射する光がすべて反射することを、「全反射」といいます。ダイヤモンドの明るく美しい輝きは、全反射を小さな角度（25〜90°）でもおこすことと、白色光を色ごとに分解することが原因です。

明るくさまざまな色に輝く
ダイヤモンド

気持ちのいい青空は
光の散乱のおかげ

青空の青は，空気で飛び散った青色の光

木もれ日や雲の間からさす，「光の筋」を見たことがある人も多いと思います。しかしこの場合に見えているのは，光の道筋にそって存在する，ちりや微小な水滴などです。

不規則に分布する微小な粒子に光がぶつかると，光は四方八方に飛び散ります。**この現象は「散乱」とよばれています。もし散乱をおこすちりなどがなければ，光が目の前を通りすぎようと，私たちには見えません。**

光の散乱は，身近な風景をつくりだしています。それは青空です。空気は無色透明なのに，なぜ空は青いのでしょうか。

実は，空気中の気体分子は，太陽からの光をわずかに散乱させています。気体分子による散乱は，光の波長が短いほどおきやすいことが知られています。**つまり太陽光のうち，青色や紫色の光が，散乱されやすいのです。その結果，空のどの方向を見ても，青色や紫色の光が目に届きます。そして私たちの目は，紫色よりも青色の光に感度が高いので，空は青く見えるのです。**

大気圏

空気分子

青い空

空気の分子などが太陽光を散乱します。波長の短い青色の光が散乱されやすいため，目に届き，空を青く見せています。

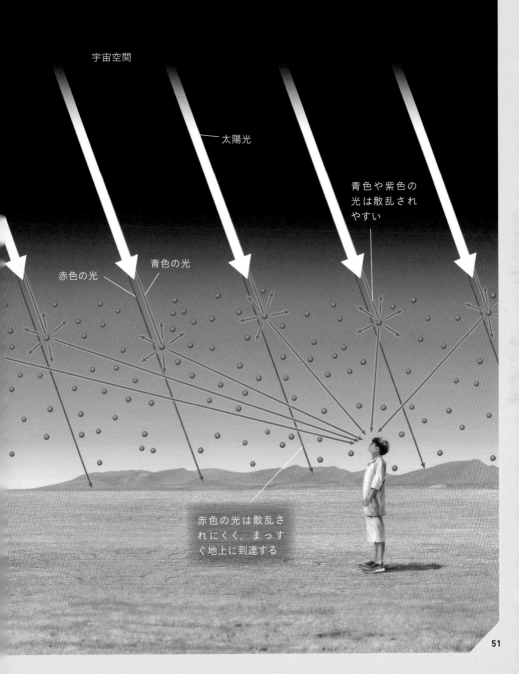

宇宙空間

太陽光

青色や紫色の光は散乱されやすい

赤色の光　青色の光

赤色の光は散乱されにくく，まっすぐ地上に到達する

51

夕焼け空が青ではなく, 赤い理由

夕焼けの赤は, 長い距離を進む赤色の光

夕方の空は, なぜ赤いのでしょうか。夕方になると, 太陽は地平線近くまで沈みます。太陽光が私たちの目に届くためには, 大気の層をとても長い距離進まなくてはなりません。この点が, ほぼ真上からやってくる昼間の太陽光と, 大きくちがう点です。

波長の短い青色や紫色の光は, 太陽光が大気圏に入ってからすぐ, 遠くで散乱されてしまいます。したがって, 夕日のように長い距離を進む場合は, 青色や紫色の光は, 私たちの目にはほとんど届かなくなります。**その結果, 太陽光は青色や紫色の光を失い, 赤っぽくなります。**

一方, 散乱をおこしにくい波長の長い赤色の光も, 長い距離を進むうちに, 散乱されるようになります。大気中をただよう, ちりや水蒸気による散乱も影響します。**このため, 夕方の西の空から私たちの目に届くのは, 赤色の光ばかりになってしまうのです。**以上が, 夕焼けが赤い理由です。

大気の層を進む距離が長い

夕焼け
ゆうや

太陽が地平線近くまで沈むと，太陽光は長い距離を進んで目に届きます。この間に太陽光は，散乱されやすい青色の光を失って赤っぽくなります。また，散乱されにくい赤色の光も散乱されるようになるので，空は赤く見えます。

宇宙空間

青色や紫色の光は，大気圏に入って比較的早く（非常に遠くで）散乱されてしまうので，あまり目に届かない

太陽光

大気圏

空気分子

赤色の光は，比較的近くの空で散乱される

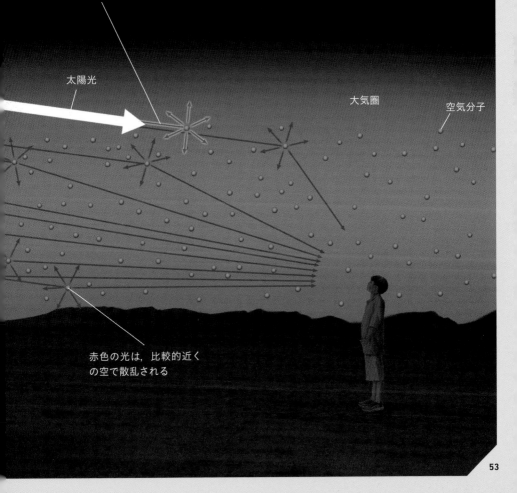

コーヒーブレーク

火星の夕焼けと朝焼けは青い

日中の火星の空は赤みを帯びたピンク色をしていますが, これは大気中にちりがあるためです。酸化した鉄を含むちり自体が赤い色をしていることと, ちりが太陽光線に含まれる赤い色の波長の光を散乱しやすい大きさであることが原因だといわれています。

また, 火星の大気はうすいので, 昼間はあまり太陽の光が散乱されません。しかし朝や夕方には, 太陽光が斜めに入ってくるため, 大気中を長い距離進むことになります。そのため, 太陽光に含まれる青い色の光が十分散乱されるので, 火星の朝焼けや夕焼けは青く見えます。これまで火星に着陸した, バイキングやスピリット, オポチュニティといった探査機 (探査車) がその幻想的なようすを撮影しています。

いつの日かあなたも, 火星旅行でピンク色の空が暮れる青い夕焼けを見ることができるかもしれません。

スピリットが撮影した火星の夕焼け

NASAの火星探査車スピリットが2005年5月19日に撮影した，火星の夕日。火星の夕焼けは太陽のまわりでは青く見え，太陽から遠ざかるにしたがって赤く見えます。

シャボン玉の色は，どうやってできる？

光の波は強め合ったり弱め合ったりする

虹のように色づくシャボン玉

シャボン玉の不思議な色は，光の干渉がつくる

　下のイラストで，シャボン玉の底面で反射した光（A）は，表面で反射した光（B）よりX-Y-Zだけ長い距離を進み，干渉をおこします。目に対する膜の角度などによってX-Y-Zは変わり，干渉の結果も変わります。

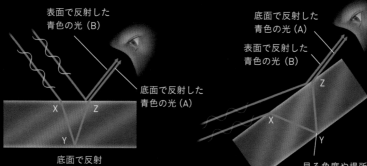

表面で反射した
青色の光（B）

底面で反射した
青色の光（A）

底面で反射

底面で反射した
青色の光（A）

表面で反射した
青色の光（B）

見る角度や場所によって
X-Y-Zの距離がことなる

シャボン玉の色について考えて
みましょう。

光も波の一種です。波には"山"と
"谷"があります。二つの波の山と谷
の位置が重なり合うと，山と谷の高
さは2倍になります。逆に，一方の
山の位置にもう一方の谷がきて二つ
の波が重なり合うと，波は打ち消さ
れてしまいます。**このように，複数
の波が重なり合って，強め合ったり
弱め合ったりする現象を「干渉」と
いいます。**

シャボン玉に白色光が当たると，
薄い膜の表面上で反射する光もあれ
ば，膜の底で反射する光もあります。
これらが干渉をおこして，目に届き
ます。**強め合う干渉がおきた色の光
は明るく，逆は暗く見えます。**

シャボン玉の表面の場所によって，
光がシャボン玉の膜の底で反射して
出てくるまでの距離が変わり，明る
くなる色も変わります。**シャボン玉
の不思議な色彩は，このようにして
生まれるのです。**

うまいぐあいに歩調が合って，強め合う干渉をおこすようす

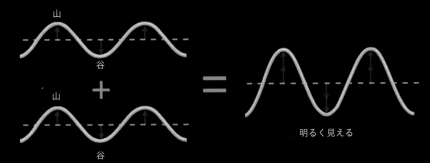

明るく見える

歩調が合わず，弱め合う干渉をおこすようす

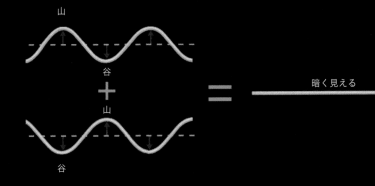

暗く見える

虹色に輝く 生き物たちの秘密

微細な表面構造が生みだす「構造色」は, 見る角度によって色や明暗が変わる

自然界に見られる構造色

モルフォチョウ

拡大

通常の物体の色は，その物質自体がもっている色です。しかし，シャボン玉などの色は，微細な表面構造によって生みだされます。**微細な表面構造が生みだす色は，「構造色」とよばれています。**

構造色は，自然界にも見られます。中南米に生息する青色のモルフォチョウのはねや，タマムシのはね，クジャクの羽根，アワビの貝殻の内面など，自然界には構造色をもつものがたくさんあります。

構造色は，化粧品や自動車の塗装，衣服の繊維などで，応用研究が進んでいます。**構造色をもつものは，見る角度によって色や明暗が変わって見え，独特な色彩をつくります。**

さらに，構造色をつくりだすのと同じような構造をもち，光を制御することができる人工結晶が誕生しています。それらは，「フォトニック結晶」とよばれます。

鱗粉の模式図

白色光

強め合った青色の光

強め合った青色の光が，すじに垂直な面内だけに広がる

約200ナノメートル（棚どうしの間隔）

モルフォチョウのはねに青い色素はありません。モルフォチョウの鱗粉は多数の層が積み重なり，棚のように見えます。これらの各層での反射光が干渉をおこし，あざやかな青色を生みだしています。強め合った青色の光は，棚によってすじに垂直な面内へ広がるため，広い角度から青く見えます。

照明を消すとすぐ暗くなるのはなぜ？

光はすぐに物体に吸収されたり，
一部は外へ飛びだしたりする

光はどこに消えるのか？

照明がついている部屋

照明を消してすぐ暗くなるのは，光が物体に吸収されてしまうからです。光が物体に当たると反射するか，透過するか，吸収されるかします。**何かで反射したり，透明な物体を透過 したりした光も，すぐにまたほかの物体に当たるので，いずれ何らかの物体に吸収されて消えてしまいます。**光の中には，窓ガラスなどから部屋を飛びだすものもあります。

たとえ光が部屋の中で反射をくりかえしたとしても，光は猛烈な速さなので，それを認識することは不可能です。

ちなみに，光を吸収した物体は，若干温度が上がります。光のエネルギーが物体の温度上昇に使われるわけです。暑い日に黒い服を着ていると，より暑く感じますが，これは黒い服が光（可視光）を吸収し，温度が上がるためです。あらゆる物体はその温度に応じた波長の電磁波（主に赤外線）をつねに放出しています。これを「熱放射」といいます。

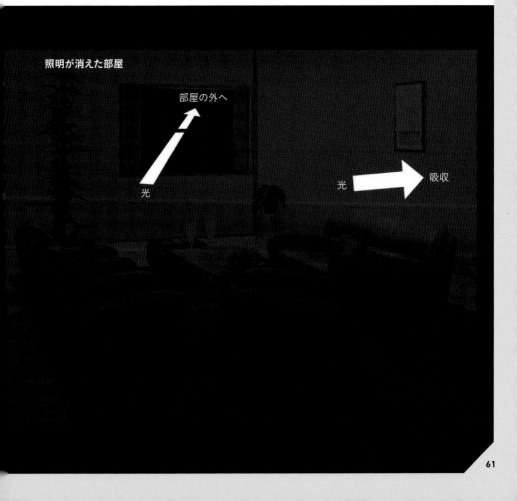

照明が消えた部屋

部屋の外へ

光

光 吸収

海の青さと
空の青さのちがい

空の青さは，波長の短い青や紫の光が，空気の分子など大気中の微粒子にぶつかることでおこる，光の散乱によってもたらされたものですが，海の青さは，水自身が光を吸収するためにもたらされるものです。

白色光を10メートルくらい水の中に通すと，赤色の光は吸収されてしまって，ほとんど透過してきません。つまり，海の中では，太陽光に含まれる赤の成分は吸収されてしまうので，全体的に青っぽい光になります。その光が水の中で散乱されて，目に届く光となるのです。

赤い成分が吸収されてしまうのは，水分子H_2Oの振動が原因になっています。水分子の中の，二つの水素原子と一つの酸素原子の三つの原子は，だいたい100テラヘルツで振動しています（1秒間に100兆回の振動）。そして，この振動数に一致した光がやってくると，その光を吸収してしまうのです。100テラヘルツの振動数の光は，波長でいうと3マイクロメートル付近の赤外線にあたります。したがって，水は3マイクロメートル付近の赤外線をまったく通しません。

さらに，振動による吸収は，その振動数の整数倍の振動数をもつ光も吸収するので，水の場合，3マイクロメートル以外にも，1.5マイクロメートル（$3 \times \frac{1}{2}$），1マイクロメートル（$3 \times \frac{1}{3}$）などで吸収がおきます。これらを「2次の吸収」，「3次の吸収」とよびます。

海の色は，場所によってことなることがあります。海水は97％くらいが水ですが，いろいろなものが溶け込んでいます。それらの不純物による吸収もあるために，場所によって，海の色は微妙にことなっているのです。

海水は赤い色の光を吸収するため，青く見える

硫黄（2.7%）

ナトリウム
（32.4%）

塩素
（58.2%）

海水に溶けている主な元素
円グラフは，海水中に含まれる主な
元素の平均値です。海水の成分は場
所によって少しずつことなるため，
海の色も微妙にことなります。

カリウム（1.2%）
カルシウム（1.2%）
マグネシウム（3.9%）

3

光は色を伝える

アイザック・ニュートンは，太陽光が無数の色の集合体であることを発見しました。しかしニュートン自身は，「光線に色はない」といったといいます。どういうことでしょうか。この章では，光の3原色や色が見えるしくみについて，みていきましょう。

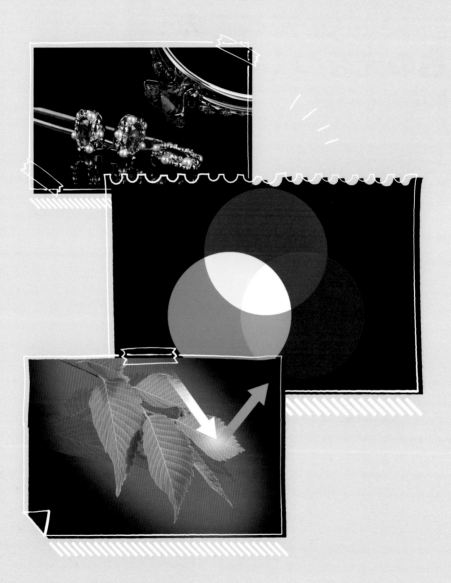

3色の光がすべての色の光をつくる

赤, 緑, 青が色の基本!

光の3原色

すべての色をつくることができる赤, 緑, 青の3色は「光の3原色」とよばれています。英語で赤は「red」, 緑は「green」, 青は「blue」なので, 頭文字をとって「RGB（アール・ジー・ビー）」ともよばれます。

無数の色の光が合わさった太陽光は, 白く見えます。しかし実は, 赤, 緑, 青のたった3色の光が合わさるだけで, 光は白く見えます。もっといえば, 赤, 緑, 青の3色の光の明るさや組み合わせを変えれば, すべての色をつくりだすことができるのです。

これは, 私たちの身近にあるテレビがどのようにして色をつくっているかを調べれば, わかります。

テレビのディスプレイを拡大してみると, 赤, 緑, 青の光を出す3種類の小さな点でできていることがわかります。私たちの目では個々の小さな点を識別することができません。このため, 3色の光が重なってさまざまな色がつくられ, カラフルな映像として見えているのです。

すべての色の元である赤, 緑, 青の3色は, 「光の3原色」とよばれています。

緑

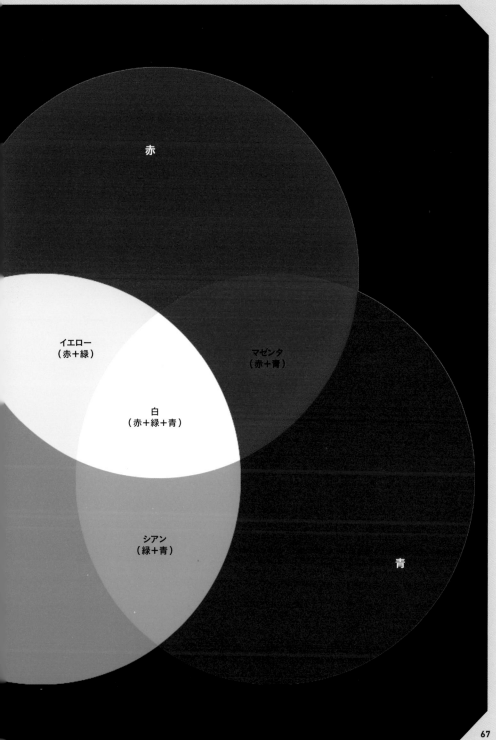

赤

イエロー
（赤＋緑）

マゼンタ
（赤＋青）

白
（赤＋緑＋青）

シアン
（緑＋青）

青

光の線自体に色が あるわけではない

光には，色の感覚を引きおこす 性質があるだけ

色順応とは

オレンジ色がかった光を放つ電球を灯した部屋にいても，太陽光で明るい昼間の部屋にいても，白い紙は白に見えます。色つきのサングラスをかけても，すぐに違和感がなくなるのも色順応です。

ニュートンは「光線に色はない」と，のべたそうです。色は物理的な量というよりも，人間の視覚がつくりだす心理的な量なのです。光には色の感覚を引きおこす性質があるだけなのです。

オレンジ色がかった光を放つ電球を灯した部屋でも，しばらくそこにいれば，白い紙はやはり白に見えます（左のイラスト）。人間の視覚が周囲の環境に合わせて色を補正するため，白い紙はいつも通りに感じられる

のです。これを「色順応」といいます。

周囲の配色によって，同じ色がちがって見える場合もあります。下のイラストは「ムンカー錯視」※とよばれるものです。「Newton」の文字は，上も下もまったく同じ赤で書かれていますが，上は赤紫色に近く見え，下はオレンジ色に近く見えます。これも，色が心理的な量であることを示しています。

※：「ムンカー錯視」のような色の錯視を，知覚心理学では「色の同化」といいます。

同じ色でも周囲の配色によってちがう色に見える

上下の「Newton」の文字はまったく同じ赤色で書かれています。青色の縞模様にはさまれた赤色の部分は，青色がかって赤紫色に近く見えます（上）。一方，黄色の縞模様にはさまれた赤色の部分は，黄色がかってオレンジ色に近く見えます（下）。これは「ムンカー錯視」とよばれる錯視です（Munker, 1970）。

下の「Newton」の文字とまったく同じ赤色でえがいてある

上の「Newton」の文字とまったく同じ赤色でえがいてある

「Newton」の文字
とまったく同じ赤色

目の奥にある
赤・緑・青のセンサー

**3種類のセンサーが受け取る
情報から色が"生まれる"**

人間の目の断面図

光

角膜　　水晶体　　網膜

拡大

視神経

網膜にある色センサー

網膜に届いた光は錐体に受け取られます。錐体には3種
類あり，それぞれ受け取りやすい光の色はことなります。

※錐体のイラストには，わかりやすいように色をつけましたが，
実際の錐体に色がついているわけではありません。

なぜ，赤，緑，青の3色だけですべての色をつくることができるのでしょうか。その秘密は，私たちの目の奥の「網膜」にあります。

私たちの目は，光を「角膜」，「水晶体」とよばれる"レンズ"で集め，網膜で受け取ります。網膜には，光の色を感じるセンサーとしてはたらく「錐体」という細胞があります。ちなみに，網膜には，光の明暗を感じるセンサーとしてはたらく「杆体」という細胞もあります。

錐体には3種類あり，受け取りやすい光がそれぞれ，「黄や赤」，「緑」，「青や紫」とことなります。

目に届く光の色によって，3種類の錐体それぞれが受け取る光の量はことなります。これらの情報をあわせて，私たちは色を認識しています。つまり，光の3原色をうまく組み合わせれば，3種類の錐体をいかようにも刺激できるため，3原色だけで，私たちはすべての色を感じることができるのです。

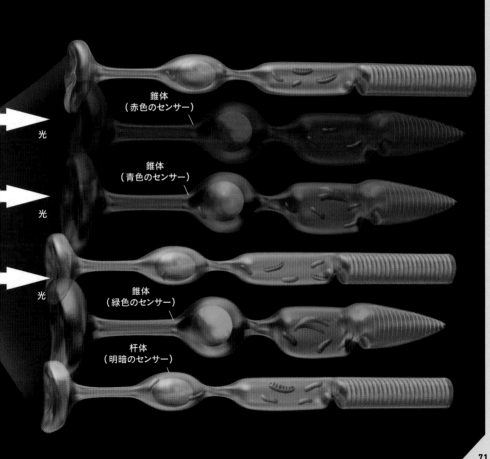

光

錐体
（赤色のセンサー）

光

錐体
（青色のセンサー）

光

錐体
（緑色のセンサー）

杆体
（明暗のセンサー）

葉っぱが緑に見えるのは,
反射した光の色のせい

緑色の光を吸収しないから,
緑色に見える

白色光
（さまざまな色
の光を含む）

緑色以外の
光は吸収

光の反射と透過
植物の緑色の葉の反射（**1**）と,赤色の半透明な下敷きの透過（**2**）をえがきました。

1. 緑色の葉は,緑色以外の光を吸収し,緑色の光だけを反射する

私たちが物を見るとき，ディスプレイのようにみずから発光している物でないかぎり，物が何らかの光源からの光を反射していないと，その物を見ることはできません。

　たとえば，植物の緑色の葉は，光源からの白色光のうち，緑色以外の光を吸収して，緑色の光だけを反射しています。このため，植物の葉は緑色に見えます。

　もう少し厳密にいうと，植物の緑色の葉は，白色光のスペクトルのう

ち，赤色に近い波長の光と青色に近い波長の光を吸収して，残りの光を反射します。この残りの光のスペクトルが，人間には緑色に感じられます。植物は，緑色の光を吸収しないからこそ，緑色に見えるのです。

　では，半透明な物体の色はどうでしょう。赤色の半透明な下敷きは，白色光のうち赤色以外の光を吸収して，赤色の光だけを透過させます。このため，赤色に見えるのです。

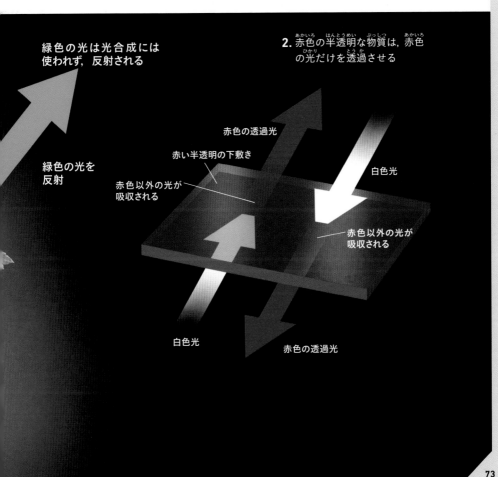

緑色の光は光合成には
使われず，反射される

2. 赤色の半透明な物質は，赤色
　の光だけを透過させる

緑色の光を
反射

赤色の透過光

赤い半透明の下敷き

赤色以外の光が
吸収される

白色光

赤色以外の光が
吸収される

白色光

赤色の透過光

色の3原色は "引き算" で考えよう

シアン, マゼンタ, イエローが「色の3原色」

光とはことなりますが, 絵の具のさまざまな色も, 光と同じように, 3色でつくることができます。この3色を「色の3原色」といい, シアン (明るい青色), マゼンタ (明るい赤紫色), イエロー (黄色) の3色です。白い紙の上で, この三つの絵の具を組み合わせれば, すべての色をつくることができます。

光の3原色と似ているようですが, 実は大きくことなることがあります。光の3原色は3色まざると白になるのに対し, 色の3原色は3色まざると黒になってしまうのです。

これは色の引き算がおきているためです。シアンは, 白色光から赤色の光が吸収され, 残った光が反射した色です (白ー赤＝シアン)。マゼンタは白色光から緑色の光が吸収され (白ー緑＝マゼンタ), イエローは白色光から青色の光が吸収されて見える色です (白ー青＝イエロー)。結局この3色をまぜると, 赤も緑も青も吸収され, 何も反射されずに黒く見えるのです (白ー赤ー緑ー青＝黒)。

イエロー
(白ー青)

74

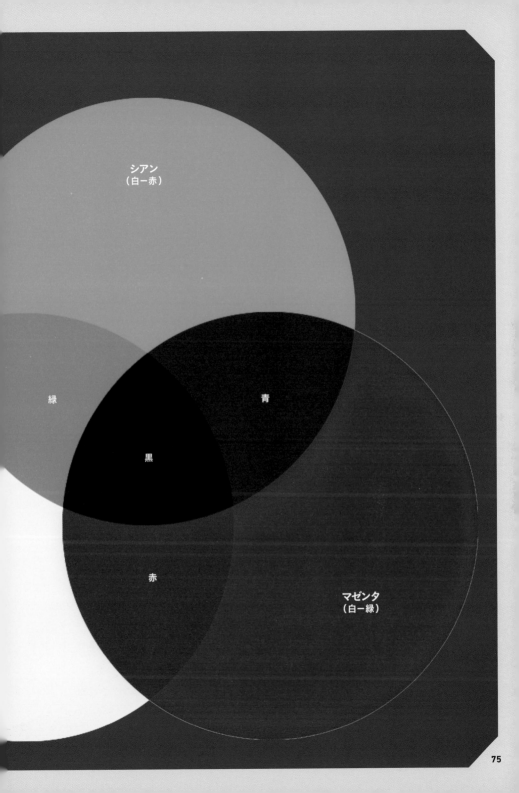

ルビーとサファイアは "親戚" のようなもの

赤いものはルビー
青いものはサファイア

ダイヤモンドなど，さまざまな宝石が，アクセサリーなどに加工され，人々に愛されています。赤い宝石のルビーや，青い宝石のサファイアもその中の一つです。この二つはまったく別物に見えますが，実はどちらも「コランダム」という鉱物の一種です。

コランダムは酸化アルミニウム（Al_2O_3）が天然の結晶として産出されたもので，本来は無色透明な宝石です。しかし，その中に数パーセントの「クロム（Cr^{3+}）を含むものは，紫色の光や黄緑色の光を吸収し，主に赤色の光だけを透過・反射して赤く色づきます。これをルビーとよんでいるのです。

一方，数パーセントの「鉄（Fe^{2+}）」と「チタン（Ti^{4+}）」を含むコランダムは，主に青色以外の光を吸収し，残った光で深い青色に色づきます。これをサファイア※とよんでいるのです。**ルビーとサファイアは98パーセント以上の主成分が同じであるにもかかわらず，わずかな不純物の差によって，劇的にちがう色をしているのです。**

ルビーとサファイアはほぼ同じ？

ルビーとサファイアはどちらもコランダムという鉱物です。それぞれに含まれる不純物のわずかな差が，大きな色のちがいを生んでいるのです。

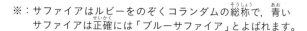

※：サファイアはルビーをのぞくコランダムの総称で，青いサファイアは正確には「ブルーサファイア」とよばれます。

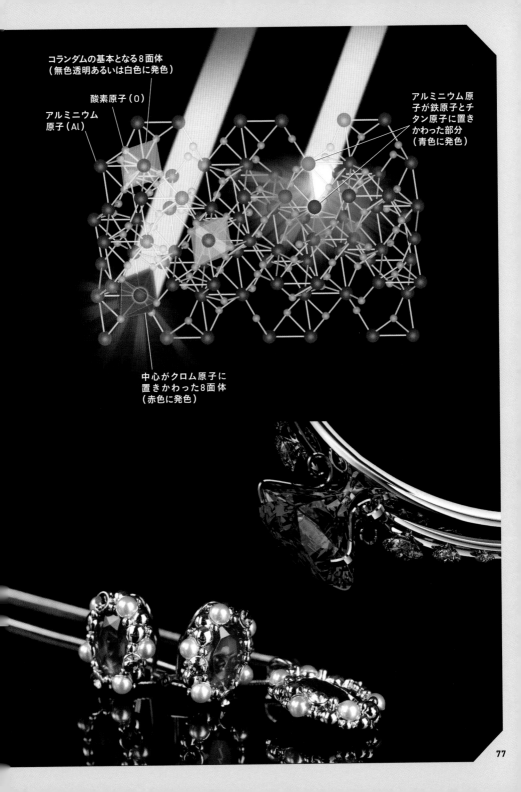

コランダムの基本となる8面体
（無色透明あるいは白色に発色）

酸素原子（O）

アルミニウム
原子（Al）

アルミニウム原
子が鉄原子とチ
タン原子に置き
かわった部分
（青色に発色）

中心がクロム原子に
置きかわった8面体
（赤色に発色）

トリの見る世界は，ヒトよりもあざやか？

鳥類は，紫外線も見えるらしい

面白いことに，ヒトを含む霊長類の一部以外の哺乳類では，目の網膜で光や色を感じる錐体の視物質（光を受けるタンパク質）は，私たちヒトよりも一つ少なく，2種類しかありません。色は心理的な量なので，断定的なことはいえないものの，イヌ，ネコ，ウシといった哺乳類は，ヒトよりも色彩のとぼしい世界を見ているのではないか，といわれています。

一方，魚類や爬虫類，鳥類は，錐体の視物質をヒトよりも一つ多く，4種類もっています。たとえば鳥類は，ヒトの目には見えない紫外線も見えるそうです。**これらの動物が見る世界は，私たちが見る世界とはちがった色彩をもっていると考えられています。**

哺乳類の祖先は進化の過程で夜行性を長く経験したため，視物質が二つに退化したといわれています。その後，霊長類の祖先は昼行性となって，進化の過程でふたたび視物質がふえたと考えられています。色あざやかな木の実などを食べるようになったことと関係している可能性が指摘されています。

鳥類は紫外線も見えていると考えられる

右上の画像は，私たちが日常的に見ている花の姿です。一方，鳥類は紫外線の領域にまで反応する視物質をもっており，可視光も見えるので，右下の画像のように，二つの写真を組み合わせたような模様を見ていると考えられます。

紫外線は見えないヒトが花を見ると…

可視光画像
（人間が見た花）

キク科のアラゲハンゴンソウという花の可視光画像。

紫外線も見える鳥類が花を見ると……

紫外線画像
（鳥類が見た花？）

上と同じ花を波長300〜400ナノメートルの紫外線で撮影した画像。

コーヒーブレーク

天才画家たちが生みだした独特な色づかい

ヨハネス・フェルメール（1632〜1675, オランダ）の「真珠の耳飾りの少女」（右下の画像）は, なぜ有名なのでしょうか？

フェルメールは"光の巨匠"などの異名をとる画家です。左耳に光る真珠は輪郭をえがかずに, 明暗の差だけで表現されています。そして, 何といっても目を引くのは, 青いターバンでしょう。この青色の成分は, ラピスラズリ（瑠璃）という宝石を粉砕・精製したものです。

この絵には, 青をきわだたせる「補色」という"技"が使われています。具体的には, ターバンの額部分の「青」と, 後頭部へ垂れた部分などの「黄」が, 補色どうしになります。**補色を使うと, たがいの色が映えたり, 絵全体が調和したりする効果がもたらされ, 印象深くなるのです。**

19世紀後半から20世紀前半, フィンセント・ファン・ゴッホ（1853〜1890, オランダ）や, アンリ・マティス（1869〜1954, フランス）など, ジャンルを問わず多くの西洋画家が, 補色の原理を使って作品を生みだしました。補色は, 図工や美術の授業でも教わりますが「どの2色が補色の関係にあるのかわからない」という人は多いのではないでしょうか。色を円形に並べた「色相環」（右上の図）をみると, 環の中心に対して正反対に位置する色どうしが, 補色になっていることがわかります※。絵の具などで補色をまぜると, 黒くなります。

この色相環は, 波長の長い側の端にあたる赤色と, 波長の短い側の端にあたる紫色をつなぐようにして環にしたものだといえます。物理的に見ても理にかなっている並び方なのです。

※：絵の具やインクなどの色材の場合, 補色どうしをまぜると黒やグレー（無彩色）となります。一方, 補色の光どうしをまぜると, 白色になります。

色相環を見れば，名画の色づかいの秘密がわかる！

下の「真珠の耳飾りの少女」は，補色の関係にある青色と黄色が効果的に使われている代表的な名画です。どの色どうしが補色であるかは，右に示した色相環をみると直感的にわかります。

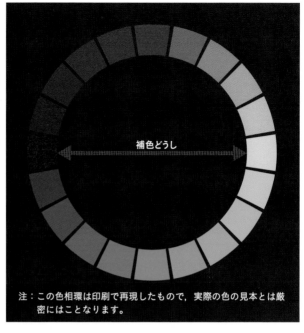

補色どうし

注：この色相環は印刷で再現したもので，実際の色の見本とは厳密にはことなります。

真珠の耳飾りの少女（青いターバンの娘）

ターバンの額部分の「青色」と，後頭部へ垂れた部分などの「黄色」の対比がきわだっています。実際にモデルとなった人物がいるわけではないとされ，当時のヨーロッパにとって異国的であった服やターバンを着た女性像の個性や表情を表現したと考えられています。

所蔵：マウリッツハイス美術館（オランダ）

4

光の正体にせまる

光は，波の性質をもちます。しかしいったい，何の波だというのでしょうか。実は，光は電気と磁気の波なのです。電気と磁気は，似たものどうしの兄弟のようなものなのです。この章ではいよいよ，光の正体についてくわしくみていきましょう。

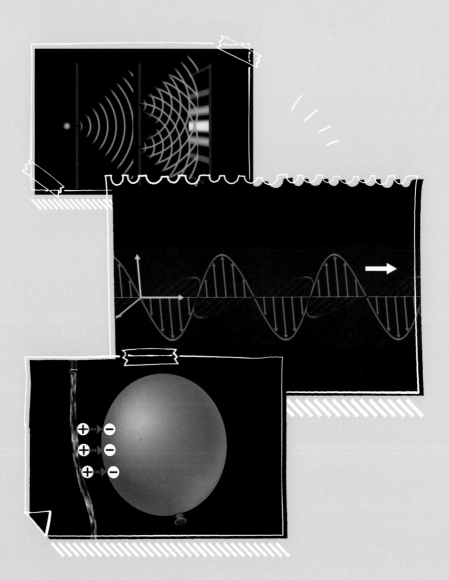

すき間の先で広がって進む光

海の波のように，障害物の裏にまわりこむ

波の進行方向

池の水に石を落とすと，波紋が広がっていきますね。このように，ある場所で何らかの振動がおきると，まわりにそのゆれが広がりながら伝わっていきます。これが波です。

では，広がった先に障害物があった場合，波はどのように進むのでしょうか。

ここで，細いすき間の開いた防波堤がある海を想像してみてください。このとき，海の波は防波堤の細いすき間を通り抜け，扇形に広がって防波堤の裏にまでまわりこみながら進んでいきます。

光も波と同じように，せまいすき間を通過したあとや小さな障害物にぶつかったあと，その先で扇形に広がって進んでいきます。この性質を「回折」といいます。ただし，光の回折がおきるのは，非常にせまいすき間を通過するときなどにかぎります。

防波堤

光は，せまいすき間を通過した あとなどに回折をおこす

太陽光が当たると後ろに影ができる（光がまわりこまない）ことからわかるように，光の回折はほとんどおきません。せまいすき間を通過したあとなど，特殊な状況でのみおきます。

波は広がりながら進む

光が『波』であると証明した実験

証拠は，光の干渉がつくった縞模様！

光が波であることは，光の「干渉」や「回折」によって確かめられました。ここで，1807年に行われた実験を紹介しましょう。

光を発する「光源」の先に一つのスリット（細いすき間）が開いた板を置きます。その先に，二つのスリットが開いた板を置き，その奥に光を映すスクリーンを置きます。

光が干渉や回折をおこす波であれば，手前のスリットを通過した光は回折をおこして扇形に広がり，二つのスリットを通過します。その後，**それぞれのスリットから回折をおこして広がった光どうしが干渉をおこし，強め合ったり弱め合ったりする場所ができます。これがスクリーンに縞模様としてあらわれるはずです。**実験では，この縞模様が実際にあらわれ，光が波であることがわかりました。

回折をおこして
広がっていく光

スリット

単色の光源
波長がそろった光
（単色の光）を
出す光源。

板

光の干渉実験

光が波であるということは，下のような干渉実験で示されました。イラストの黄色い線は波の"山の頂上"をあらわしています。二つの波の山と山が重なるところは，強め合う干渉をおこして明るくなります。

スリットA

回折をおこして
広がっていく光

強め合う干渉をおこしている点

スクリーン

← 強め合う干渉をおこして
明るくなった場所

← 強め合う干渉をおこして
明るくなった場所

← 強め合う干渉をおこして
明るくなった場所

← 強め合う干渉をおこして
明るくなった場所

← 強め合う干渉をおこして
明るくなった場所

← 強め合う干渉をおこして
明るくなった場所

← 強め合う干渉をおこして
明るくなった場所

板

スリットB

光の正体にせまる

紫外線もＸ線も，みんな『電磁波』

正確にいえば，「光は電磁波」

さまざまな電磁波と波長の関係

縦軸：波長
1目盛りごとに数値は100倍

※1μmは1000分の1mm，1nmは100万分の1mm，1pmは10億分の1mm

縦軸（波長）	電磁波	説明
1m	電波	電波 波長0.1ミリメートル程度以上
1cm		
100μm	赤外線	赤外線 波長1ミリメートル〜800ナノメートル程度
1μm	可視光線	可視光線 波長800〜400ナノメートル程度
10nm	紫外線	紫外線 波長400〜1ナノメートル程度
100pm	Ｘ線	Ｘ線 波長10ナノメートル〜1ピコメートル程度
1pm	ガンマ線	ガンマ線 波長10ピコメートル程度以下

ここまで,「光は波」と説明してきました。これは,どういう意味でしょうか。先に答えをいってしまうと,「光は電磁波」です。

16ページでみたように,光には,いろいろな種類があります。それらはすべて,電磁波なのです。

「光は電磁波」ということは,どのように発見されたのでしょうか。イギリスの物理学者のジェームズ・マクスウェル(1831 〜 1879)は,電磁波の進む速さが秒速約30万キロメートルであることを,理論的な計算から導きだしました。マクスウェルは,電気と磁気の理論である,「電磁気学」の創始者です。

マクスウェルの求めた電磁波の速さは,当時知られていた光(可視光線)の速さとほぼ一致しました。このことからマクスウェルは,「光とは,電磁波の一種である」と見抜いたのです。

電波の主な発生源は,通信用アンテナ,雷などの放電現象など。

赤外線の主な発生源は,熱をもったあらゆる物体。

可視光の主な発生源は,太陽や白熱電球,LED(発光ダイオード)など。

紫外線の主な発生源は,太陽,殺虫灯,ブラックライトなど。

X線の主な発生源は,レントゲン装置,宇宙の高エネルギー天体など。

ガンマ線の主な発生源は,放射性物質,宇宙の高エネルギー天体など。

ジェームズ・マクスウェル
(1831 〜 1879)

注:各電磁波の波長領域は,明確には決められていません。
それぞれの波長領域に重なりがあるのはそのためです。

光は自然界で最も"足がはやい"

光は1秒間に地球を7周半もまわれる

人（ウサイン・ボルト）
秒速約10メートル／時速約36キロメートル
（光速の3000万分の1）

車（スポーツカー）
秒速約100メートル／時速約360キロメートル
（光速の300万分の1）

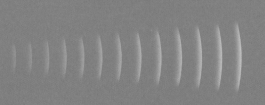

音
秒速約340メートル／
時速約1224キロメートル
（光速の88万分の1）

超音速飛行機（マッハ2）
秒速約680メートル／
時速約2448キロメートル
（光速の44万分の1）

秒 速約30万キロメートルとい
う速度はどれくらいの速さな
のでしょうか。地球1周が約4万キ
ロメートルなので，なんと，**光は1
秒間に地球を7周半もまわることが
できるのです。**

これは，車，音，超音速飛行機な
どの速度とはくらべものにならない
ほど，圧倒的に速いものです。**真空
中での光の速度（光速）は自然界で
最も速く，これをこえることはでき
ません。**光速のおおよその値は1849

年，フランスの科学者アルマン・フ
ィゾー（1819～1896）が実験で測定
しました。どのような実験を行った
のか，次のページでくわしく解説し
ます。

光速は自然界の最高速度！

光速は，秒速約30万キロメートルという猛烈なスピードです。私たちになじみ
のあるものの速度と光速を比較してみると，その圧倒的な速さがわかります。
この光速が自然界の最高速度だと考えられています。

光
秒速約30万キロメートル／
時速約10億8000万キロメートル

光速は歯車の実験でだいたいわかった

回転する歯車を測定に利用するアイデアを思いついた

フィゾーは，高速回転する歯車を使って光速を測定しようとしました。まず，光源からの光を回転する歯車に導きます。歯車のすき間を通った光（**1**）は，遠方の鏡で反射します。そして反射光は歯車にもどってきます。光が歯車と反射鏡の間を往復している間に，歯車は少しだけ進みます。うまく回転数を調節し，歯車がこの間に半個分進むようにすると，帰ってきた光は歯にさえぎられてしまいます（**2**）。このとき，観測者の視界は暗くなります。

さらに回転数を上げると，光が往復する間に歯車がちょうど1個分進むようになります。このとき反射光は歯車のすき間を通過し，視界はとても明るくなります（**3**）。

このようにして視界が暗くなるときと明るくなるときの条件から，フィゾーは，光の速度が秒速31万キロメートルという，正確な値に近い値を得ました。

フィゾーの光速測定の実験

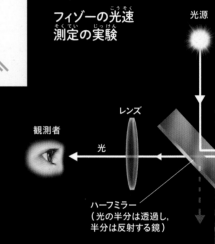

光源

レンズ

観測者

光

ハーフミラー
（光の半分は透過し，
半分は反射する鏡）

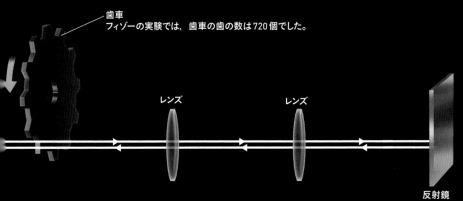

歯車
フィゾーの実験では，歯車の歯の数は720個でした。

レンズ

レンズ

反射鏡

フィゾーの実験では歯車と反射鏡の間の距離は約9キロメートルでした。

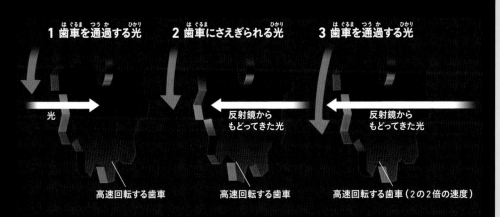

1 歯車を通過する光

光

高速回転する歯車

2 歯車にさえぎられる光

反射鏡から
もどってきた光

高速回転する歯車

3 歯車を通過する光

反射鏡から
もどってきた光

高速回転する歯車（2の2倍の速度）

そもそも最初の段階（"行き"の段階）で歯車の歯にさえぎられた光は，観測者の目には届きません。
行きの段階で歯車を通過した光さえも観測者の目に届かなくなるとき，視界が暗くなるのです。

光の正体をにぎるのは『磁石』

光に，電気や磁気が関係する

こ こから数ページにわたって，「光は電磁波」ということが何を意味するかを紹介します。「光は電磁波」を理解するのに重要なのは，電磁波の名前が示すように，「電気」と「磁気」です。

「光に電気や磁気が関係するの？」と，不思議に思う人もいるかもしれません。実は，とても深い関係があります。光の正体を知るために，電気と磁気の基本からみていきましょう。

磁石のまわりに砂鉄をまくと，右のイラスト1のような模様ができます。これは，砂鉄が磁石の影響を受けて，ごく小さな磁石と化し，N極とS極が引き合うようにして整然と並んだものです。イラスト2は，その模式図です。矢印つきの線は，「磁力線」といいます。

磁力線が生じた空間に小さな磁石を置くと，小さな磁石はその場所の磁力線の方向に「磁力」を受けます（イラスト1）。そして小さな磁石にはたらく磁力は，大きな磁石から距離がはなれるほど弱まります（3）。この磁力線が生じた空間がもつ，磁力を生みだす性質を，「磁場」といいます。

磁力線と磁力

磁石と砂鉄がつくる磁力線（**1**）と，磁石がつくる磁力線の模式図（**2**）をえがきました。**1**のイラストで，小さな磁石にはたらく磁力は，大きな磁石から距離がはなれるほど，弱くなります（**3**）。

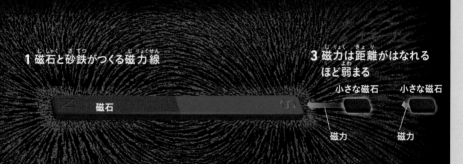

1 磁石と砂鉄がつくる磁力線

磁石

3 磁力は距離がはなれるほど弱まる

小さな磁石　　小さな磁石

磁力　　　　　磁力

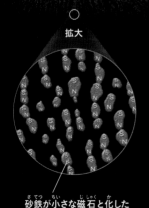

○ 拡大

砂鉄が小さな磁石と化した

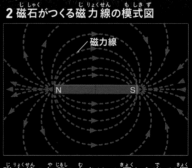

2 磁石がつくる磁力線の模式図

磁力線

N　　　　　S

磁力線の矢印の向きは，N極から出てS極に入るように決められています。

電気と磁気は
よく似ている

電気を帯びたもののまわりには
電場が生じる

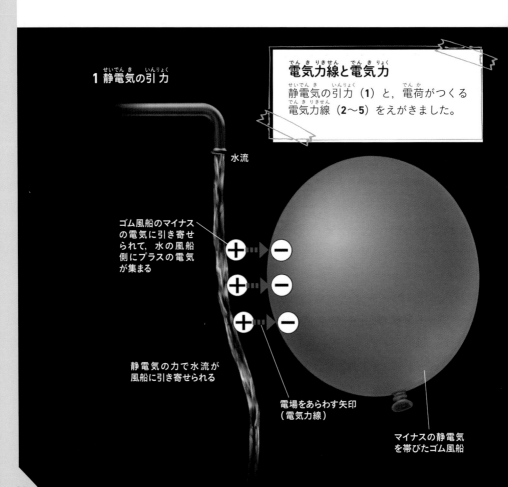

1 静電気の引力

電気力線と電気力

静電気の引力（**1**）と，電荷がつくる
電気力線（**2～5**）をえがきました。

水流

ゴム風船のマイナス
の電気に引き寄せ
られて，水の風船
側にプラスの電気
が集まる

静電気の力で水流が
風船に引き寄せられる

電場をあらわす矢印
（電気力線）

マイナスの静電気
を帯びたゴム風船

ゴム風船をティッシュなどでこすって水流に近づけると，水流が静電気の力で引き寄せられます。これは，静電気を帯びたゴム風船が，周囲の空間に「電気力線」をつくり，電気を帯びた水流が「電気力」を受けたからです。**電気力線が生じた空間がもつ，電気力を生みだす性質を，「電場」といいます。**

　液体の上に小さな繊維をたくさん浮かべて，そこにプラスやマイナスの電気を帯びた物体を入れると，下のイラスト2や3のような模様ができます。繊維が電気を帯び，整然と並んだのです。イラスト4と5は，その模式図です。矢印つきの線が，電気力線です。イラスト4に，プラスの電気をもつ小さな粒子を新たに置くと，粒子が電気力線の矢印の方向に電気力を受けます。電気力の大きさは，中心の電荷から距離がはなれるほど弱くなります。

　このように，磁気と電気はとてもよく似ているのです。

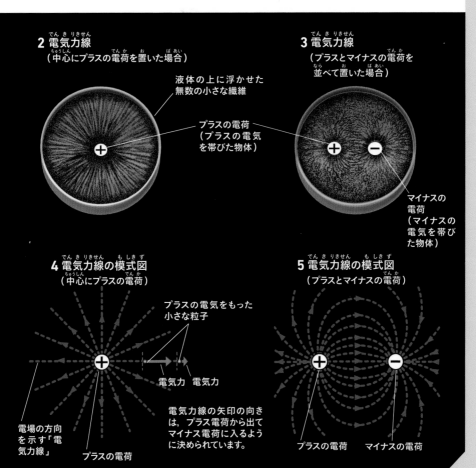

2 電気力線
（中心にプラスの電荷を置いた場合）

液体の上に浮かせた
無数の小さな繊維

プラスの電荷
（プラスの電気
を帯びた物体）

3 電気力線
（プラスとマイナスの電荷を
並べて置いた場合）

マイナスの
電荷
（マイナスの
電気を帯び
た物体）

4 電気力線の模式図
（中心にプラスの電荷）

プラスの電気をもった
小さな粒子

電気力　電気力

電気力線の矢印の向き
は，プラス電荷から出て
マイナス電荷に入るよう
に決められています。

電場の方向
を示す「電
気力線」

プラスの電荷

5 電気力線の模式図
（プラスとマイナスの電荷）

プラスの電荷　　マイナスの電荷

97

コイルに電気を流すと，磁場ができる

磁場が生じて，「電磁石」になる

光の正体にせまるには，似たものどうしの電気と磁気の関係を，さらにくわしく知る必要があります。ここからは，電気と磁気がどのように関係し合っているのかを，さぐっていきましょう。

導線を，円筒状に巻いたものを「コイル」といいます。**コイルを電源につないで電流を流すと，右のイラスト1のような磁場が生じて，コイルが「電磁石」になります。**電磁石の磁力は，コイルを鉄芯に巻いたほうが強くなります。しかし，鉄芯に巻いてあるか巻いていない

かにかかわらず，コイルに電流を流せば，電磁石になります。

ではなぜ，コイルに電流を流すと，電磁石になるのでしょうか。**まっすぐな導線に電流を流すと，電流の周囲には，イラスト2のような磁場が発生します。**この導線を環状にして電流を流すと，導線の環の片側から反対側へと，くぐり抜けるような磁場が発生します。その環状の電流がつくる，くぐり抜けるような磁場が重なり合って，イラスト1のような電磁石の磁場がつくりだされているのです。

電流のまわりに磁場が発生

コイルがつくる磁場（**1**）と，直線電流のまわりにできる磁場（**2**）をえがきました。

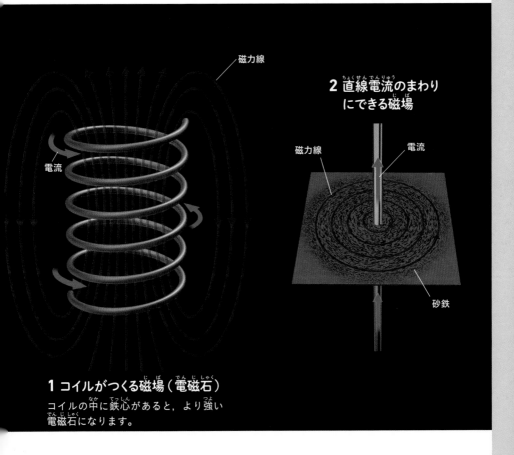

磁力線

2 直線電流のまわりにできる磁場

磁力線

電流

電流

砂鉄

1 コイルがつくる磁場（電磁石）

コイルの中に鉄心があると，より強い電磁石になります。

磁石をコイルに近づけると，電場ができる

環状の導線に沿って，電場が発生

今度は，コイルを電源につながず，コイルに磁石を出し入れしてみます。すると電源もないのに，コイルに電流が流れます。これは，「電磁誘導」という現象です（右のイラスト1と2）。

電流は，マイナスの電気を帯びた「電子」の流れです※1。電子を動かすには，電場が必要です。つまり電磁誘導で，コイルに磁石を近づけることで電流が流れたということは，環状の導線に沿って電場が発生し，その電場によって電子が動かされたことを意味します。

磁石のまわりには，磁場が生じています。磁石をコイルに近づけると，コイルの内部の磁場がどんどん強くなります。実は，「磁石を近づけるとコイルに電流が発生する」ということは，「磁場が変動すると，周囲に電場が発生する」ということを意味するのです（3）※2。

一方，「電場が変動すると，周囲に磁場が発生する」ということも，電磁気学からわかっています。つまり，「電場の変動は，周囲に磁場をつくりだす（4）」ということになります。ここで紹介した電場と磁場の関係が，光の正体に密接にかかわってくるのです。

※1：ただし，電流の向きは，電子の流れの向きとは逆向きに定められています。これは歴史的に，電流の向きを決めたあとに電子が発見された，という経緯があるからです。

※2：通常の発電装置では，磁石のほうが固定され，磁石がつくる磁場の中で，コイルのほうを回転させます。コイルが回転することでコイルの内部をつらぬく磁場の量は時々刻々と変動します。そのため，電磁誘導によってコイルに電場が生じるのです。これが発電です。

電磁誘導

磁石がコイルから遠いときの磁場（**1**）と，磁石をコイルに近づけたときの磁場（**2**）をえがきました。また，磁場が変動して電場が発生するしくみ（**3**）と，電場が変動して磁場が発生するしくみ（**4**）を模式的にえがきました。

1. 磁石がコイルから遠いときの磁場   **2.** 磁石をコイルに近づけたときの磁場

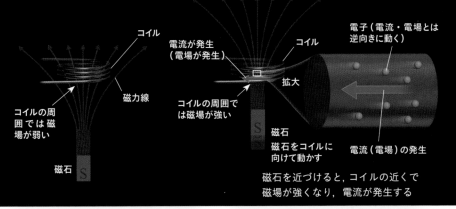

コイル

電流が発生
（電場が発生）

磁力線

コイルの周囲では磁場が弱い

磁石 S

コイル

拡大

コイルの周囲では磁場が強い

磁石

磁石をコイルに向けて動かす

電子（電流・電場とは逆向きに動く）

電流（電場）の発生

磁石を近づけると，コイルの近くで磁場が強くなり，電流が発生する

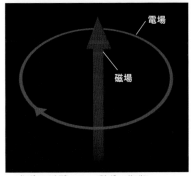

電場

磁場

3. 磁場が変動すると電場が発生
磁場が赤矢印の方向に増大すると，電場が青矢印の方向に発生する。

電場・電流

磁場

4. 電場が変動すると磁場が発生
電場が青矢印の方向に増大すると，磁場が赤矢印の方向に発生する。また，青矢印の方向に電流が流れても，赤矢印の方向に磁場が発生する。

電場と磁場は鎖のようにつながっていく

電流を変動させると，磁場も変動

マクスウェルは電磁気学を用いて，光の正体につながる大発見をしました。その思考を追っていきましょう。

電流の向きと大きさを時々刻々と変動させると，電流のまわりの磁場も変動します（**1**）。電流の値を増減させると，周囲の磁場もそれにともなって増減し，電流の向きを反対にすると磁場の向きも反対になります。

前ページで紹介した「磁場が変動すると電場が発生し，電場が変動すると磁場が発生する」ということを思いだしてください。電流を流す（**2-a**）と周囲に磁場が発生し，電流の変動とともに磁場も変動します（**2-b**）。するとこの磁場の変動によって新たな電場が発生し（**2-c**），磁場の変動とともにこの電場も変動します。すると，こ

の電場の変動によってまた新たな磁場が発生し，この磁場も変動します（**2-d**）。結局，電場と磁場の連鎖的な発生が延々とつづくことになります。

マクスウェルは「変動する電流」をきっかけに，周囲に電場と磁場が次々と連鎖的に発生しながら進んでいくことを発見したのです。これが「電磁波」です。88ページで紹介したように，さらにマクスウェルは電磁波と光が同一であることを見抜きました。なお，変動する電流とは，交流電流（一定の時間で大きさと向きが変化する電流）や，瞬間的に電流が流れてすぐに消える放電などを指します。一定の電流では，電磁波は発生しません。また，一度発生した電磁波は，発生源となる電流がなくなっても進みつづけます。

下の**1**では，電流の振動と磁場の振動をえがきました。**2-a**〜**d**では，電流の変動によって，磁場と電場が次々と発生するようすをえがきました。

1. 振動する電流によって周囲の磁場も振動する

磁力線　金属線　電流

点A

点Aでの磁場の
大きさと向き

電流が半分になる
と，磁場の強さも
半分になる

電流がなくなると，
磁場もなくなる

電流の向きが反対
になると，磁場の
向きも反対になる

電流が倍になる
と，磁場の強さも
倍になる

電流　磁場

電流　磁場

電流　磁場

注：イラストでは，ある平面内で，金属線から一定の距離はなれた場
　　所での磁力線だけをえがいています。

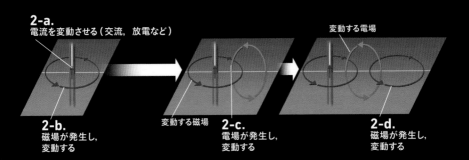

2-a.
電流を変動させる（交流，放電など）

2-b.
磁場が発生し，
変動する

変動する磁場

2-c.
電場が発生し，
変動する

変動する電場

2-d.
磁場が発生し，
変動する

電磁波は, エネルギーを運ぶ

電子に運動エネルギーをあたえることができる

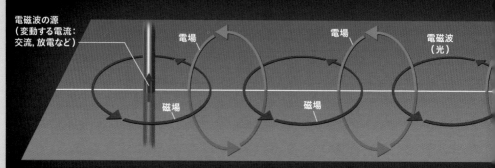

1. 電場と磁場の連鎖的な発生（電磁波＝光）
（ある程度，空間的な広がりをもった電磁波のイメージ）

電磁波の源
（変動する電流：
交流, 放電など）

電場

電場

電磁波
（光）

磁場

磁場

注：図では，特定の一方向へ進む電磁波だけを簡略化してえがいています。実際は，
電流の周囲の色々な方向に電磁波は放出されます。

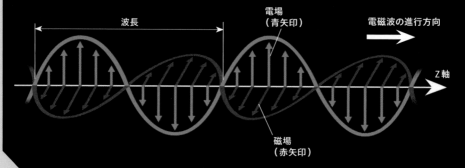

2. 特定の波長をもつ電磁波（Z軸上のみを進んでいる電磁波）

波長

電場
（青矢印）

電磁波の進行方向

Z軸

磁場
（赤矢印）

前のページでみたように，電場と磁場は連鎖的に発生します（**1**）。この"磁場の輪"と"電場の輪"は直交しています。ある特定の波長をもち，Z軸上を進む電磁波を**1**とは別の形で図示したのが**2**です。青と赤の矢印は，Z軸上の各点での電場・磁場の向きと大きさ（強さ）を示しています。この図でも電場と磁場は直交しています。

3のように金属線（一種のアンテナ）に向かって電磁波がやってくると，電磁波の電場の向きと大きさに応じて，電子が力を受けます※。つまり，電流が流れることになります。電磁波が通過していく間には，電場は振動するので，電流の向きと大きさも振動することになります。

水面の波は，浮いたボールを振動させます。水面の波がエネルギーを運び，ボールに運動エネルギーをあたえます。**同じように，電磁波もエネルギーを運び，電子に運動エネルギーをあたえることができるのです。**

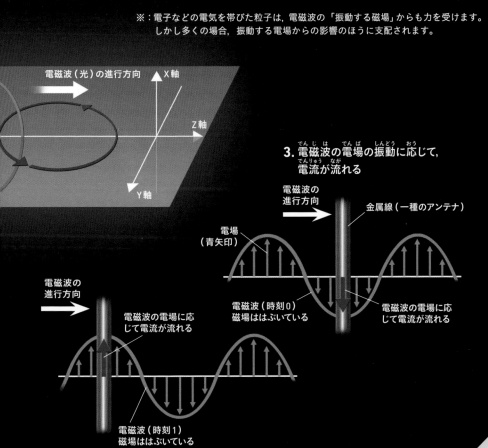

※：電子などの電気を帯びた粒子は，電磁波の「振動する磁場」からも力を受けます。しかし多くの場合，振動する電場からの影響のほうに支配されます。

電磁波（光）の進行方向

X軸

Z軸

Y軸

3. 電磁波の電場の振動に応じて，電流が流れる

電磁波の進行方向

金属線（一種のアンテナ）

電場（青矢印）

電磁波の進行方向

電磁波の電場に応じて電流が流れる

電磁波（時刻0）磁場ははぶいている

電磁波の電場に応じて電流が流れる

電磁波の電場に応じて電流が流れる

電磁波（時刻1）磁場ははぶいている

電磁波は，波長が短いほど振動数が高い

ガンマ線は振動数が高く，電波は振動数が低くなる

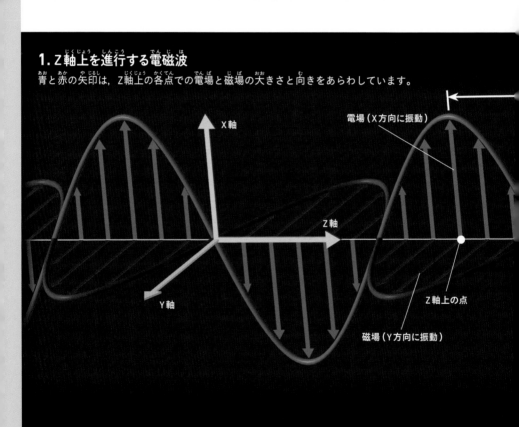

1. Z軸上を進行する電磁波

青と赤の矢印は，Z軸上の各点での電場と磁場の大きさと向きをあらわしています。

X軸

電場（X方向に振動）

Z軸

Y軸

Z軸上の点

磁場（Y方向に振動）

下のイラストは，Z軸上を進む電磁波です。

電磁波の1波長の中で，電場の矢印は1回，上下に振動します。また電磁波は，波長に関係なく，真空中では同じ秒速約30万キロメートルで進んでいきます。電磁波が通過するZ軸上のある1点に着目すると，その点の電場は，電磁波の通過にともなって振動します。

同じように，電磁波の1波長の中で，磁場の矢印も1回，左右に振動します。

1秒あたりの波の振動回数を，「振動数（または周波数）」といいます。**波長が短いほど振動数は多く（高く）なります。**つまり，波長の長い電波は，振動数の少ない（低い）電磁波であるともいえます。同じように，波長の短いガンマ線は，振動数の多い（高い）電磁波であるともいえるのです。

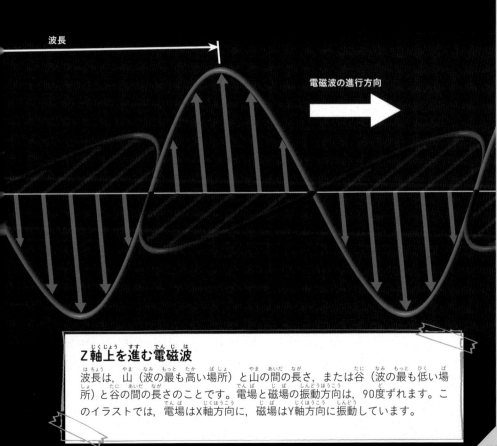

波長

電磁波の進行方向

Z軸上を進む電磁波

波長は，山（波の最も高い場所）と山の間の長さ，または谷（波の最も低い場所）と谷の間の長さのことです。電場と磁場の振動方向は，90度ずれます。このイラストでは，電場はX軸方向に，磁場はY軸方向に振動しています。

光は単純な波ではない！

光を単純な波と考えると
説明できない現象がある

光は波と粒子の性質をあわせもつ

波長の長い光を明るくして金属に当てても電子は飛びだしませんが，波長の短い光であれば暗くても電子は飛びだします。これは，光が波としての性質ばかりでなく，粒子の性質ももつと考えれば説明がつきます。

波長の長い光では，
光電効果はおきない

波長の長い光
光を明るくしても，光電効果はおきない

金属の板

光を粒子と考えると，波長の長い光の光子はエネルギーが小さく，電子をはじき飛ばす力が小さい。

光子

金属の板

波長の長い光の光子は，いわば衝撃の弱いバドミントンの羽根

こ こまで光は波であると紹介してきました。しかし実は，光を単純な波とすると説明のつかない現象があります。波長の短い光を金属に当てると，光のエネルギーを得て電子が飛びだしてくる現象です（光電効果）。

一方，波長の長い光をいくら明るくして当てても電子は飛びだしません。光を波だと考えると，明るい光では波の高さが高くなるので，電子が大きく動かされ飛びだしてくるはずです。

光のエネルギーには最小のかたまり（粒子のような性質）があり，これを「光子（光量子）」とよびます。

光の明るさは光子の数に相当します。一つの電子とぶつかるのは光子一つなので，波長が長くエネルギーの小さい光子がたくさんあっても（明るくても）電子は飛びだしません。これは実験の結果と合います。**光は波の性質と同時に粒子の性質ももつのです。**

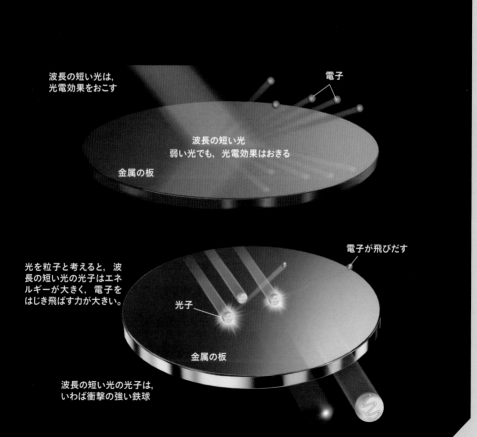

波長の短い光は，光電効果をおこす

電子

波長の短い光
弱い光でも，光電効果はおきる

金属の板

光を粒子と考えると，波長の短い光の光子はエネルギーが大きく，電子をはじき飛ばす力が大きい。

電子が飛びだす

光子

金属の板

波長の短い光の光子は，いわば衝撃の強い鉄球

光が物を動かす ことができる？

空気抵抗のない宇宙空間では，光がものを動かす

光を照射された物体は，光から圧力を受けます。物質中に存在する電子などは，光が引きおこす電場と磁場の振動から力を受けます。それらが積み重なって，物体は光から圧力を受けるのです。物体に無数の小さな球（光子）がぶつかるので，圧力を受けると考えれば，もっと直観的にわかりやすいでしょう。

光の圧力は通常，ごく弱いので日常生活で実感できません。しかし，**空気抵抗がない宇宙空間では，いったん動きだしたものは止まりません。そのため，わずかな光の圧力が顕著にあらわれる例が多くあります。**

たとえば彗星の尾は，太陽光の圧力や太陽風を受けて，太陽と反対側にたなびきます。小惑星探査機「はやぶさ」も，太陽光の圧力を考慮しながら飛行制御が行われました。また，2010年に打ち上げられたソーラーセイルの実験機「IKAROS」は，光の圧力も利用して推進するシステムを採用しています※。

彗星の核

太陽

彗星の軌道

彗星の尾

彗星
先端付近に雪玉のような小さな「彗星の核」があり，そこからちりやガスが放出されている。

太陽

探査機 「はやぶさ」
小惑星「イトカワ」からの重力
に加え, 太陽光の圧力も受ける。

小惑星「イトカワ」

ソーラーセイル
（宇宙帆船）

金属ホイルでできた帆。
太陽光の圧力を受ける。

※：ソーラーセイルと太陽電池の電力を用いた高性能
　　イオンエンジンを併用して推進しています。

5

光（電磁波）の性質を利用する

4章では，光の正体は電磁波であるということを紹介しました。5章では，光の性質を利用した技術を取り上げていきます。電子レンジやLED電球といった生活に欠かせないものから，最新のレーザー技術まで，光は幅広く活用されているのです。

電子レンジで食べ物が温まるのはなぜ？

電波が食べ物の分子をゆり動かして温度を上げる

電波は，電子をゆり動かして電流を発生させる

光（電磁波）は，電子などの電気を帯びた粒子がゆり動かされたりして発生します。一方，その逆に，光は，電子などの電気を帯びた粒子をゆり動かすことができます。

電波はアンテナに届くとそこの電子をゆり動かして電流を発生させます（104ページ）。**マイクロ波は，物質をつくる分子の電子，そして分子全体をゆり動かします。分子の動きがはげしくなると温度が上がり，物質は温まります。**これが電子レンジのしくみです。

紫外線，X線，ガンマ線は分子の中の電子をはじき飛ばしたり，化学結合をこわしたりします。私たちの体の細胞の中にあるDNAにこれらの電磁波が当たると，DNAには傷ができます。

光が物質の電子をゆり動かすとき，光の一部がエネルギーとして物質に渡されるため，このような変化となってあらわれるのです。

赤外線やマイクロ波は，分子をゆり動かして物質を加熱する

赤外線・マイクロ波

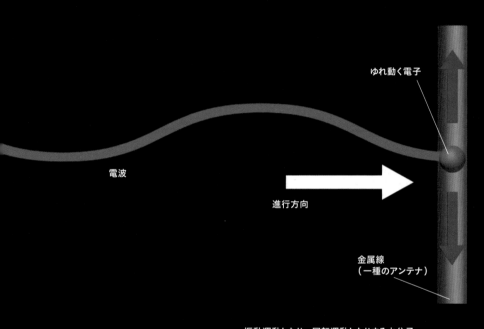

ゆれ動く電子

電波

進行方向

金属線
（一種のアンテナ）

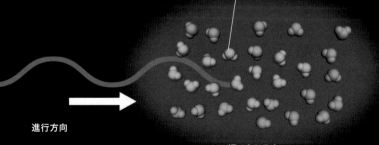

振動運動したり，回転運動したりする水分子

進行方向

温められる水

赤外線はさまざまな分子を振動運動させます。赤外線より少し波長の長い，「マイクロ波（電波の一種）」は水分子を回転運動させます。電子レンジはこの性質を利用して，マイクロ波で水分を加熱しています。

私たちの体からは赤外線が出ている

温かい物ほど，多くの赤外線を出している

物質は温度に応じた光を出す

物質は，その温度に応じた光（赤外線や可視光線など）を出します。温度が高い物質ほど，エネルギーの高い（波長の短い）光を多く出します。

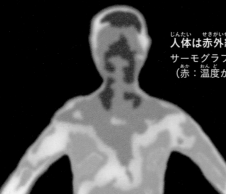

人体は赤外線を出す
サーモグラフィー画像（赤外線による画像）
（赤：温度が高い領域，青：温度が低い領域）

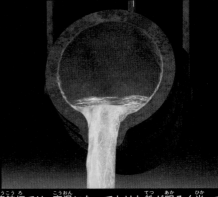

高温の鉄は可視光線を出す
高温の物体は，可視光線を出し，温度に応じた色で光ります。

熔鉱炉では，高温になってとけた鉄が明るく光っている

赤外線は物を温めることができます。その逆に，**あらゆる物質は，その温度に応じた量の赤外線を出しています。**

たとえば赤外線ストーブは，ヒーターに電流が流れて温度が上がり，赤外線を強く出しています。ふだんは気づきませんが，私たちの体からも赤外線が出ているのです。サーモグラフィーカメラはこの性質を利用して物質の温度分布を可視化します。

製鉄に使われる溶鉱炉など，もっと高温の物質では赤外線より波長の短い可視光線が出て明るく光ります。高温になるほど波長の短い成分がふえるので，温度に応じて色が変わります。これを利用して溶鉱炉の中の温度を正確に知ることができます。

温度が高い物質では原子や分子がはげしく動き，多くのエネルギーをもっています。波長の短い光ほど，大きなエネルギーを運べます。このため，温度が高い物質ほど波長の短い光を多く出せるのです（熱放射）。

白熱電球も熱放射
白熱電球のフィラメントは高温になって可視光線を発します。

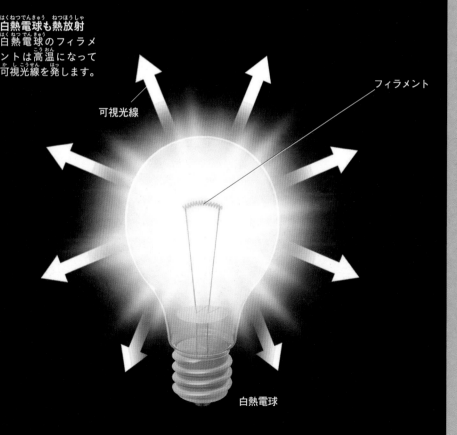

可視光線

フィラメント

白熱電球

117

赤い星や青い星があるのはなぜ？

星は，表面の温度によってちがう色の光を放つ

温度の高い物質ほど，エネルギーの大きい（波長の短い）光を出します。身のまわりのほとんどの物質は，主に赤外線を出す程度の温度です。では，宇宙ではどうでしょう。

宇宙には，太陽のようにみずから輝く星「恒星」がたくさんあります。恒星は核融合反応によって非常に高温になっており，表面からは可視光線が出ています。

高温になるほど，波長の短い可視光線が多く出てくるので，表面の温度によって恒星の色は変わります。たとえば，表面温度が3300℃程度の恒星は赤く見え，6300℃程度の恒星は黄色に見えます。1万℃をこえている恒星は，白から青に見えます。夜空で目立つ星々の中に，赤っぽい色や青白っぽい色など，さまざまな色の星が見られるのはこのためです。星の色を分析すれば，その星の表面温度を推定することができるのです。

星の色は表面温度のちがい

太陽のような恒星は非常に高温なので，可視光線を出します。温度によって出される可視光線の色（波長）はことなるため，星の色は表面温度によって決まっているといえます。

光の強度

可視光線の領域

約1万2300℃の星のスペクトル

約6300℃の星のスペクトル

約3300℃の星のスペクトル

波長

上のグラフは，恒星の表面温度が変わると，恒星から出る光のスペクトル（波長に対する強度分布）がどのように変化するかを示したものです。3300℃の星は，可視光線領域で赤色，6300℃の星は黄色，1万2300℃の星は青や紫が最も強くなります。

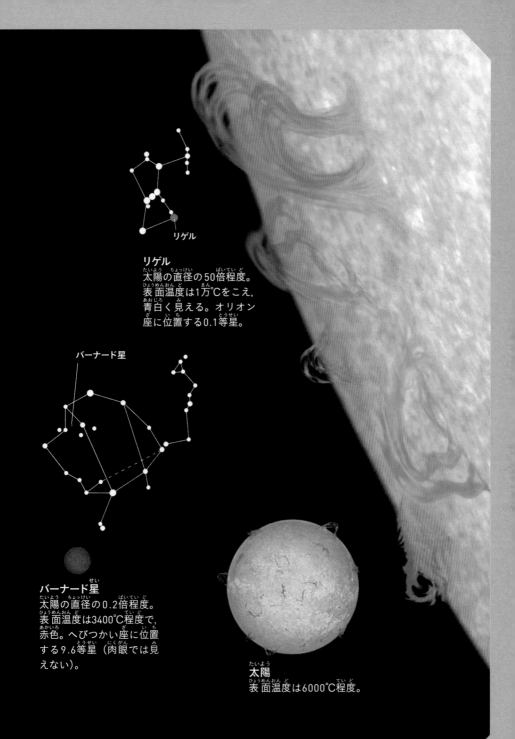

リゲル

リゲル
太陽の直径の50倍程度。
表面温度は1万℃をこえ,
青白く見える。オリオン
座に位置する0.1等星。

バーナード星

バーナード星
太陽の直径の0.2倍程度。
表面温度は3400℃程度で,
赤色。へびつかい座に位置
する9.6等星（肉眼では見
えない）。

太陽
表面温度は6000℃程度。

いろいろな色で輝く花火

材料の元素のちがいによって独特の色が出る

物質は，温度に応じた光を出すだけではありません。**高温の物質に含まれる原子は，その原子の種類（元素）に応じた色（波長）の光を出します。**これを「炎色反応」といいます。ナトリウムなら黄色，リチウムなら赤，カリウムなら紫，といったぐあいです。

この炎色反応を利用したものが，花火です。花火の色あざやかな色彩は，さまざまな原子が発する色の光でつくられているのです。

花火の炎色反応

花火の色とりどりの色彩は，原子の炎色反応を利用しています。たとえば，赤色の花火はストロンチウムの化合物，黄色はナトリウムの化合物などでつくられています。

高温物質の原子

光の進行方向

元素に特有の波長の光

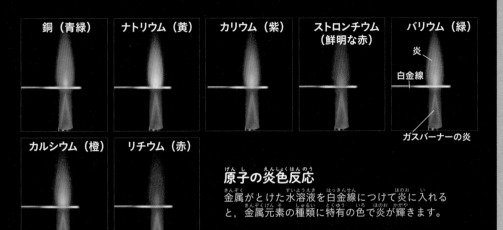

| 銅（青緑） | ナトリウム（黄） | カリウム（紫） | ストロンチウム（鮮明な赤） | バリウム（緑） |

炎
白金線
ガスバーナーの炎

| カルシウム（橙） | リチウム（赤） |

原子の炎色反応

金属がとけた水溶液を白金線につけて炎に入れると，金属元素の種類に特有の色で炎が輝きます。

軌道を移るときに光を出す電子

飛び移った"段差"のエネルギーを解放する

原子はなぜ，その種類に応じた波長の光を出すのでしょうか。原因は，原子核のまわりの電子の「軌道」にあります。電子はこの軌道上に存在しているのです。

軌道は，原子核から遠いものほどエネルギーが大きくなります。仮に，この軌道を"2階"の軌道としましょう（イラスト）。原子核により近い軌道，つまりエネルギーの低い軌道は"1階"の軌道とします。電子が，"2階"から"1階"の軌道に飛び移ると，電子がもつエネルギーも小さくなります。そして，この減った分のエネルギーが放出されます。

この放出されるエネルギーこそが，炎色反応で放出される光なのです。

電子が軌道を飛び移るときのエネルギーの変化量は，原子の種類によって変わります。つまり，**原子によって放出される光のエネルギーが変わるので，ことなる色（波長）の光を放出するのです。**

電子が軌道を飛び移るときに光を放出・吸収する

イラストは，電子が軌道を飛び移るときに，光が放出・吸収されるようすをえがいています。ここでは，電子の軌道を簡単に1階，2階に分けていますが，実際は数多くの軌道が存在します。

注：通常の安定した原子は，イラストのように光を放出しません。外部から何らかのエネルギーを得て，電子が上の軌道に飛び移ってふたたび下の軌道にもどるときに光を放出します。

"2階"の軌道にいる電子
（エネルギーが大きい）

"1階"の軌道にいる電子
（エネルギーが小さい）

光が吸収されると，電子が
"上の階"の軌道に飛び移る

エネルギーの大きな軌
道に飛び移った電子

原子核

電子（飛び移る前）

吸収される光

エネルギーの小さな軌
道に飛び移った電子

"下の階"の軌道に電
子が飛び移ると，光
が放出される

放出された光

電子（飛び移る前）

透明な物質とほかの物質のちがい

窓ガラスの分子は，とらえた可視光線をすぐ放す

ガラスは可視光線を通し，遠赤外線や紫外線を通さない

ガラスは可視光線に対しては透明ですが，遠赤外線や紫外線に対しては不透明です。これは，ガラスの分子のゆれやすい振動数が，遠赤外線や紫外線の振動数にあたり，これらの光を吸収するためです。

可視光線の"吸収"と"再放出"の連鎖

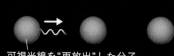

可視光線を"吸収"した分子

可視光線

可視光線を"再放出"した分子

可視光線を"吸収"した分子

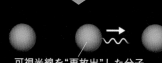

可視光線を"再放出"した分子

窓

ガラスは透明で向こう側がすけて見えます。それは，可視光線がガラスの中を通過できるためです。**ガラスの中の分子は，入ってきた可視光線を一度"吸収"するものの，一瞬のうちに放出します。このため可視光線がガラスを通過でき，ガラスは透明に見えます。**

ところが，同じ光でも遠赤外線や紫外線では事情がことなります。ガラスの分子（電子）には，ゆれやすい振動数（1秒あたりの振動回数）があります。それらの振動数は，光でいうと遠赤外線や紫外線の振動数にあたります。そのため，ガラスに遠赤外線や紫外線が入ってくると，ガラスの分子はこれらを吸収し，ゆれはじめます。その結果，遠赤外線や紫外線はガラスをあまり通過できないことになります。**遠赤外線や紫外線にとっては，ガラスは透明なものではないのです。**

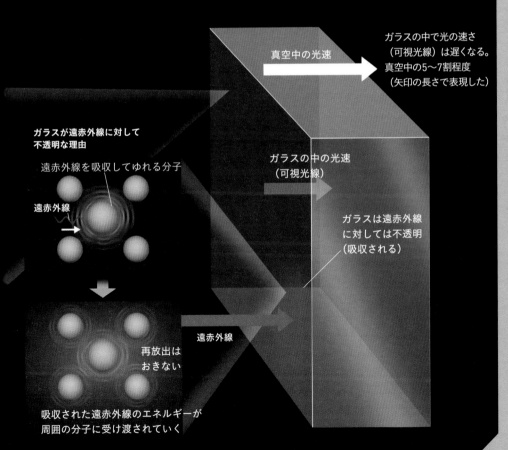

ガラスの中で光の速さ（可視光線）は遅くなる。真空中の5〜7割程度（矢印の長さで表現した）

真空中の光速

ガラスの中の光速（可視光線）

ガラスが遠赤外線に対して不透明な理由

遠赤外線を吸収してゆれる分子

遠赤外線

ガラスは遠赤外線に対しては不透明（吸収される）

再放出はおきない

遠赤外線

吸収された遠赤外線のエネルギーが周囲の分子に受け渡されていく

125

光触媒が発揮するクリーニング効果

光でよごれを分解したり、よごれを浮かせたりする

オフィスビルや住宅
使用例：窓ガラス、空気清浄機、トイレ、外壁、部屋の壁紙

空港
使用例：窓ガラス

新幹線
使用例：空気清浄機

透明板

病院
使用例：手術室の床や壁に使うタイル

道路
使用例：カーブミラー、視線誘導標、高速道路の透明板

自動車
使用例：ドアミラー

ドーム球場
使用例：テント屋根

光のエネルギーを利用して化学反応を速める物質を「光触媒」といいます。光触媒を使ったトイレや外壁，窓ガラスなどはよごれにくく，さまざまな場所で使われています。

一般的な光触媒である「**二酸化チタン**」は，2種類のセルフクリーニング効果をもつすぐれものです。一つ目の効果は，「**光触媒分解**」です。二酸化チタンに光（紫外線）を当てると，表面についたよごれなどの有機物（炭素を含む物質）が水や二酸化炭素に分解されます。

もう一つの効果は，「**超親水性**」です。二酸化チタンに光が当たると表面の構造が変化し，水になじみやすくなります。その結果，水が二酸化チタンとよごれの間にもぐりこんで，よごれを浮かせて流してくれます。また，かかった水が二酸化チタンの表面に一様に広がって水滴にならないため，ガラスに使うと曇りにくくなるという長所があります。

光触媒の二つのしくみ

光触媒分解

光（紫外線）が当たると，表面にあるよごれなどの有機物が水や二酸化炭素に分解されます。

光　分解　水　二酸化炭素　よごれ　二酸化チタン　陶器など

超親水性

材料表面と水が接する角度「接触角」が小さいほど材料の親水性は高いといえます。光が当たると二酸化チタンの表面構造が変化して超親水性になります。水がかかるとよごれを浮かして流す効果や曇り止め効果が期待できます。

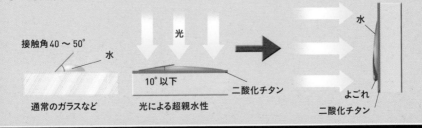

接触角40〜50°　水　通常のガラスなど　光　10°以下　二酸化チタン　光による超親水性　水　よごれ　二酸化チタン

オーロラは原子の "興奮" がおさまるときの光

極地方で見られるオーロラのしくみを紹介します。

太陽は，ガスを宇宙空間に放出しています。このガスは，「太陽風」とよばれています。地球にやってきた太陽風の粒子は，地磁気から力を受けて極地方に運ばれ，大気中の酸素や窒素などの電子と衝突します。

すると，原子や分子中の電子は高いエネルギーの軌道に跳ね上げられます。跳ね上げられた電子は，122ページで説明したように，もとの軌道にもどるときに光を発します。これがオーロラの発光です。

オーロラは，発生源の原子や分子の種類によって，赤や緑などその輝く色を変化させます。

2011年9月17日，インド洋南部の上空を通過する国際宇宙ステーション（ISS）から，南極側のオーロラをとらえた画像。

省エネで明るい LED電球のしくみ

電気を直接光にかえられるため, 使用電力が少ない

LEDは電気を直接光に変換する

白色照明に使われている蛍光灯とLEDの発光のしくみをえがきました。LEDは電気を直接光にかえるため，白熱灯や蛍光灯より消費電力は少なくてすみます。また，LED電球の寿命は白熱灯の25〜40倍，蛍光灯の4〜7倍といわれています。

電子と水銀原子が衝突

水銀原子

電子

蛍光塗料が白色光を放出

水銀原子が紫外線を放出

口金（電極は管の内側にある）

紫外線

蛍光灯

電圧をかけると電極から高速の電子が飛びだし（放電），ガスとして封入されている水銀原子と衝突します。水銀原子は電子のエネルギーを得て紫外線を放出し，紫外線のエネルギーは内面に塗られた蛍光塗料に吸収されて，可視光線として放出されます。

いまや照明器具の主流は「LED」となりました。LEDとは，Light Emitting Diodeの略で，日本語では発光ダイオードともよばれます。

LEDでは，電子が抜けて正の電気を帯びた"穴（ホール）"が移動できる半導体と，負の電気を帯びた電子が移動できる半導体をくっつけています。この"穴"と電子が移動して結合するとき，エネルギーが放出されて発光します。

LEDはこのように，電気を直接光にかえているため，白熱灯のようにフィラメントを加熱したり，蛍光灯のように放電をおこしたりして発光させるより，電力が少なくてすむのです。

また，むずかしいとされた青色のLEDも1990年代には実用化されたため，赤色のLED，緑色のLEDと合わせて光の3原色がそろい，すべての色の光をつくることができるようになりました。

LEDは照明，ブルーレイディスク，液晶ディスプレイのバックライトなど幅広い用途に使われています。

LED

上段は電子が抜けた"穴"（ホール）が流れるp型半導体，下段は電子が流れるn型半導体です。電圧をかけると，ホールと電子が動いて接触面で結合し，もっていたエネルギーの一部を光として放出します。

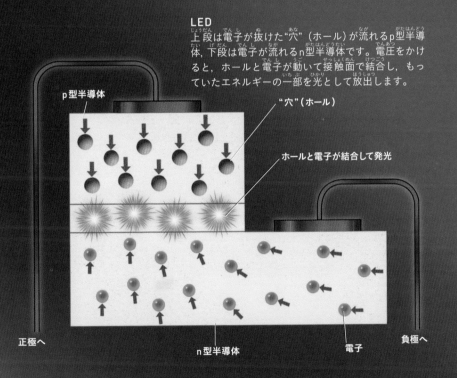

p型半導体

"穴"（ホール）

ホールと電子が結合して発光

正極へ

n型半導体

電子

負極へ

レーザー光は，波のそろった光

一点に大きなエネルギーを集めることができる

通常の光
波長，進行方向，山と谷の位置関係がバラバラ。

懐中電灯

レーザー光
波長，進行方向，山と谷の位置関係がそろっている
（強め合う干渉をおこして，強度が高められている）。

レーザー光

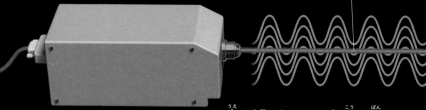

上のイラストで，レーザー光は1本の赤い線で表現したものです。波形は電場の振動のようすを模式的に示したものにすぎません。

レーザーとは,「レーザー光」を発生させる装置です。蛍光灯など,通常の光源から放射される光は,進行方向,波長,山や谷の位置がバラバラです。パーティーで大勢の人が自由に雑談しているような状態といえます。一方,レーザー光は,進行方向,波長,山や谷の位置がそろった光です。これは,大勢が声をそろえて歌うようなものです。

レーザーには多くのすぐれた性質がありますが,たとえば「大きなエネルギーを一点に集められる」という特徴があります。レンズで白色光を集光しても,色(波長)による屈折率のちがいなどから,焦点はぼやけてしまいます。しかし,**レーザー光は進行方向も波長もそろった光ですから,レンズを使って非常に小さな一点に光(エネルギー)を集めることができます。**

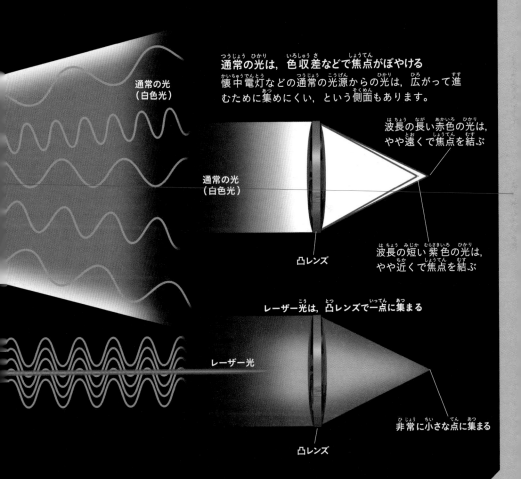

通常の光は,色収差などで焦点がぼやける
懐中電灯などの通常の光源からの光は,広がって進むために集めにくい,という側面もあります。

通常の光
(白色光)

通常の光
(白色光)

波長の長い赤色の光は,
やや遠くで焦点を結ぶ

凸レンズ

波長の短い紫色の光は,
やや近くで焦点を結ぶ

レーザー光は,凸レンズで一点に集まる

レーザー光

非常に小さな点に集まる

凸レンズ

DVDなどで レーザー光が活躍

レーザー光でディスクの凹凸を読みとる

レーザー光はレンズを使えばみな同じように屈折して非常に小さな点に集まります。これは，大きなエネルギーを小さな点に集められる，ということになります。

レーザー光はDVDなどの光ディスクに使われています。再生専用の光ディスクでは，レーザー光をレンズで細くしぼってディスクの記録面に当て，凹凸で書きこまれた情報を読みとります。

ピット（凸部分）にレーザー光が当たると反射光が弱まり，ピットのあるなしによって書かれた情報を反射光の強さで読みとることができます。書きこみができる光ディスクでは書きこむときにレーザー光を当て，記録膜の一点を高温にして物質の状態を変化させ，反射率を変えていきます。DVDは赤色のレーザー光を使いますが，ブルーレイではさらに細かく情報の読み書きができる波長の短い青紫色のレーザー光を使います。

光ディスク

レーザー

レーザー光の応用方法

レーザー光は，硬いものでもやわらかいものでも自由自在に切断でき，加工に使われます。また，光ディスクや，バーコードの読みとり装置，光通信などにも使われています。

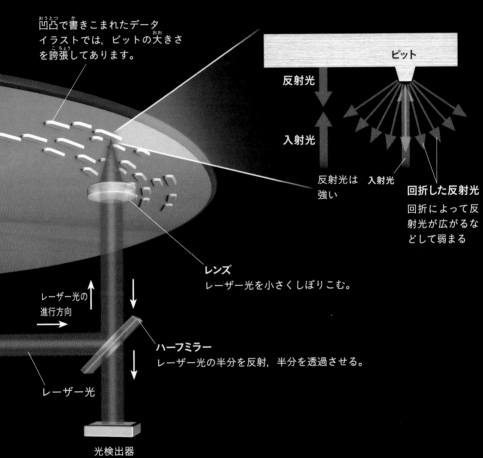

凹凸で書きこまれたデータ
イラストでは，ピットの大きさを誇張してあります。

ピット

反射光

入射光

反射光は強い

入射光

回折した反射光
回折によって反射光が広がるなどして弱まる

レンズ
レーザー光を小さくしぼりこむ。

レーザー光の進行方向

ハーフミラー
レーザー光の半分を反射，半分を透過させる。

レーザー光

光検出器
反射光の強弱を読みとる。

光で情報を伝える光ファイバー

送れる情報量が多い光を使って，高速通信を実現

レーザー光は，光通信にも使われています。「0」と「1」のデジタル信号をレーザー光の強弱などであらわすのです。**レーザー光は，ガラスやプラスチックでできた「光ファイバー」を伝わって遠くまで運ばれます。**

光通信に使われるレーザー光は，ガラスに最も吸収されにくい波長領域にある近赤外線です。また，電磁波の中でも，1秒間の振動回数（振動数）が多いもののほうが，同じ時間内に送れる情報量は多くなります。

スマートフォンでは，この振動数が小さい電波が使われていますが，光通信では電波より振動数の大きい近赤外線を使うことで高速通信を実現しています。

光ファイバーには，近赤外線が使われている

光通信には，ガラスでできた光ファイバーに最も吸収されにくく，かつ振動数が大きくて，送れる情報量の多い近赤外線が使われています。

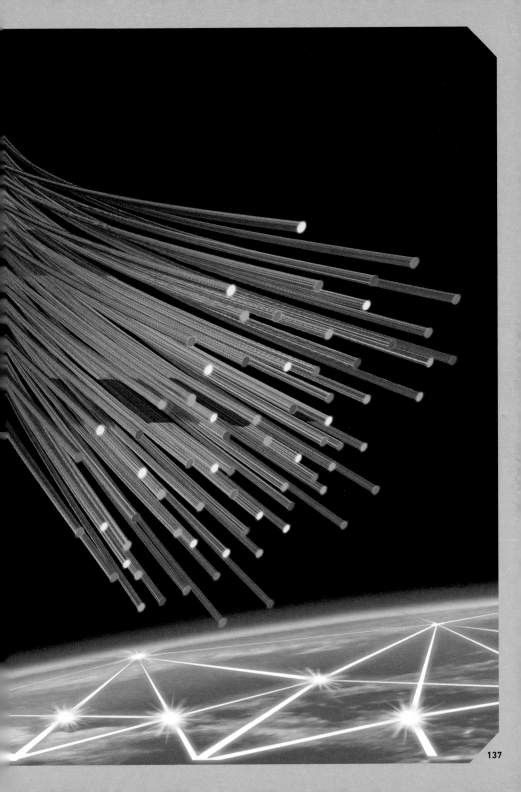

これまでのレーザーを
こえる究極のレーザー

レーザー技術は日々，進化しつづけています。その中のおどろくべき技術の一つが，1000兆分の1秒間程度だけ輝く"究極のフラッシュ（閃光）"，「フェムト秒レーザー」です。1フェムト秒とは，1000兆分の1秒を意味します。フェムト秒レーザーは1～100フェムト秒程度の超短時間だけ輝く「超短パルス光」を発生させる装置です。

パルス光とは，一瞬だけ輝く光のことです。カメラのフラッシュが輝いている時間はマイクロ秒程度（1マイクロ秒は100万分の1秒）なので，フェムト秒の超短パルス光はその10億分の1程度の時間しか輝かないことになります。

光速は秒速30万キロメートル

ですが，1フェムト秒の間に進めるのは，光でさえもたったの0.3マイクロメートル（1万分の3ミリメートル）にすぎません。

近年では，アト秒レーザー（1アト秒は100京分の1秒）など，さらに超短パルスのレーザーの開発も進められています。

なぜアト秒が大事なのでしょうか？　それは，**原子・分子内での電子の運動などが，アト秒程度の時間で進行するため**です。アト秒パルスレーザーは，それらの現象のようすを観測するための"フラッシュ"として使われます。つまりアト秒パルスレーザーを用いれば，電子のふるまいを直接観測できるかもしれないのです。

1フェムト秒の間には，光でさえもウイルスの大きさ程度しか進めない

エイズウイルス　　　　SARSウイルス　　　バクテリオファージ

光

　イラストにえがいたエイズウイルス，SARSウイルス，バクテリオファージは，ともに大きさ0.1マイクロメートル程度のウイルスです（マイクロは100万分の1）。

1000兆分の1秒程度だけ輝く超短パルス光

ただし可視光では，最短でも2フェムト秒程度が理論的な限界になります。

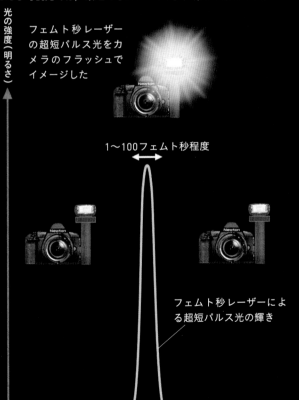

光の強度（明るさ）

フェムト秒レーザーの超短パルス光をカメラのフラッシュでイメージした

1～100フェムト秒程度

フェムト秒レーザーによる超短パルス光の輝き

時間

139

おわりに

これで『光と色の科学』はおわりです。いかがでしたか?

　光と聞くと，太陽の光や照明の光をイメージしがちですが，私たちがふだん目にしているすべてに実は光がかかわっているともいえるのです。光が存在していなかったら，私たちは物を見たり，色を感じたりすることはできないのです。

　そして，X線や紫外線，電波のように目に見えない光もあります。私たちがレントゲンで病気を見つけたり，テレビやインターネットを楽しんだりと，日々便利な生活を送ることができるのも，さまざまな光のしくみを利用しているからなのです。

　この本を読んで身のまわりを観察してみると，当たり前に思って気にもとめていなかった現象の意味が，よく理解できるのではないでしょうか。

超絵解本

絵と図でよくわかる
哲学のせかい
科学を生み, 発展させた人類の知の結晶

A5判・144ページ　1480円（税込）　好評発売中

哲学は, 人類が2500年以上にわたってつくりあげてきた
"知の結晶"です。
そのはじまりは, 自然現象への素朴な疑問でした。

実は, 私たちが「科学」とよんでいる学問は, かつて「哲
学」に含まれていました。あのピタゴラスやニュートンも,
現役時代は哲学者だったのです。

この本では, 古代から現代にいたるまでの哲学の歴史を,
科学とのつながりに注目しながらやさしく紹介していきます。

また, 哲学は科学が発展した現代でも進化をつづけています。
コロナ政策, プライバシー, オンラインコミュニケーショ
ンなど, 現代にこそ考えておくべき哲学的な問題も取り
あげています。